本书获国家自然科学基金青年项目（项目号：12102206），内蒙古自治区自然科学基金
项目（项目号：2024QN01001，2025MS01004），内蒙古自治区高等学校青年科技人才项目，
内蒙古工业大学博士科研启动金资助

黏性依赖压力条件下
流体在微流控装置中的电动流动和能量转换研究

陈星宇　解智勇　菅永军 / 著

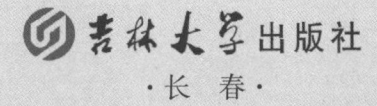

吉林大学出版社

·长春·

图书在版编目（CIP）数据

黏性依赖压力条件下流体在微流控装置中的电动流动和能量转换研究/陈星宇，解智勇，菅永军著. -- 长春：吉林大学出版社，2025.5. -- ISBN 978-7-5768-5041-3

Ⅰ．O351.2

中国国家版本馆 CIP 数据核字第 2025FV2499 号

书　　名：黏性依赖压力条件下流体在微流控装置中的电动流动和能量转换研究
NIANXING YILAI YALI TIAOJIAN XIA LIUTI ZAI WEILIUKONG ZHUANGZHI ZHONG DE DIANDONG LIUDONG HE NENGLIANG ZHUANHUAN YANJIU

作　　者：陈星宇　解智勇　菅永军
策划编辑：卢　婵
责任编辑：李　莹
责任校对：张采逸
装帧设计：叶扬扬
出版发行：吉林大学出版社
社　　址：长春市人民大街 4059 号
邮政编码：130021
发行电话：0431-89580036/58
网　　址：http://www.jlup.com.cn
电子邮箱：jldxcbs@sina.com
印　　刷：武汉鑫佳捷印务有限公司
开　　本：787mm×1092mm　　1/16
印　　张：8.25
字　　数：110 千字
版　　次：2025 年 5 月　第 1 版
印　　次：2025 年 5 月　第 1 次
书　　号：ISBN 978-7-5768-5041-3
定　　价：68.00 元

版权所有　翻印必究

前　言

微流控装置中的离子传输和流体流动通常更容易受到外部控制力的影响。通过精确控制流动状态，可以有效优化设备的性能，提高转换效率，同时减少不必要的能量损耗和物质浪费。

本书研究了黏性依赖压力条件下流体在微流控装置中的电动流动和能量转换等问题。本书利用摄动法求解速度和压力满足的非线性动量方程，深入探讨了压力驱动下流体的电动流动和能量转换过程，重点分析了流动参数对流动特征及能量转换效率的影响规律；同时，通过系统研究黏性依赖压力条件下流体的电动流动特征，探索可能的方式提高能量转换效率。本书共分 7 章，具体的研究内容如下。

第 1 章阐述了微流控技术的研究意义以及国内外研究进展；第 2 章介绍了双电层、流向势以及黏性依赖压力等基础知识；第 3 章研究了黏性依赖压力条件下圆柱形纳米通道中牛顿流体的电动流动和能量转换；第 4 章探讨了黏性指数型依赖压力条件下黏弹性流体在平行纳米通道中的电动流动和能量转换；第 5 章分析了黏性和松弛时间指数型依赖压力条件下黏弹性流体在滑移的纳米通道中的电动流动和能量转换；第 6 章研究了黏性依赖压力条件下牛顿流体在壁面为高 Zeta 势的纳米通道中的电动流动和能量转换；第 7 章对上述工作进行了系统总结，并且对于黏性依赖压力条件下流体流动研究的未来发展方向进行了展望。

  目前，关于黏性依赖压力条件下流体流动的研究大多集中在宏观尺度。事实上，在微流控装置中，流体的黏性同样也会随压力发生变化。本书旨在向相关研究人员介绍黏性依赖压力效应对流体在微流控装置中流动的影响机制，并让更多的人了解黏性依赖压力，也希望有更多的人去研究相关领域。

陈星宇

2024 年 11 月

目 录

第1章 绪 论 ·· 1

    1.1 黏性依赖压力条件下流体在微流控装置中的电动流动
和能量转换的研究意义 ·· 1

    1.2 国内外研究进展 ··· 4

第2章 基本概念 ·· 10

    2.1 电动流动 ·· 10

    2.2 黏性依赖压力 ·· 13

**第3章 黏性依赖压力条件下牛顿流体在微流控装置中的
电动流动和能量转换** ··· 14

    3.1 提出问题 ·· 14

    3.2 建立数学模型及求解问题 ··· 15

    3.3 结果与讨论 ··· 25

    3.4 本章小结 ·· 31

**第4章 黏性依赖压力条件下黏弹性流体在微流控装置中的
电动流动和能量转换** ··· 33

    4.1 提出问题 ·· 33

4.2 建立数学模型及求解问题 ·· 34

4.3 结果与讨论 ··· 45

4.4 本章小结 ·· 57

第5章 黏性和松弛时间依赖压力条件下黏弹性流体在微流控装置中的电动流动和能量转换 ··· 59

5.1 提出问题 ·· 59

5.2 建立数学模型及求解问题 ·· 60

5.3 结果与讨论 ··· 71

5.4 本章小结 ·· 80

第6章 黏性依赖压力条件下牛顿流体在壁面为高 Zeta 势的微流控装置中的电动流动和能量转换 ······································· 81

6.1 提出问题 ·· 81

6.2 建立数学模型及求解问题 ·· 82

6.3 结果与讨论 ··· 91

6.4 本章小结 ·· 95

第7章 结论与展望 ·· 97

7.1 全书总结 ·· 97

7.2 展望 ·· 99

参考文献 ··· 100

附录A ·· 118

附录B ·· 121

后 记 ·· 123

数学符号

(x^*, y^*)	坐标轴（m）	Q^*	规定的体积流率（m^3/s）
L^*	纳米通道的长度（m）	Q_{in}^*	输入的体积流率（m^3/s）
z_v	离子化合价	u_p^*	纯压力驱动的速度（m/s）
e_0	单位电子电荷（C）	u_p	无量纲纯压力驱动的速度
k_B	玻尔兹曼常数（J/K）	f	离子摩擦系数（N·s/m）
T	室温（K）	希腊字母	
n_0	离子数浓度（mol/L）	ψ^*	电势（V）
K	无量纲电动宽度	ψ	无量纲电势
a	纳米通道的几何比	ψ_w^*	壁面 Zeta 势（V）
U^*	特征速度（m/s）	ψ_w	无量纲壁面 Zeta 势
I_s^*	流向电流（A）	ε_0	真空介电常数（F/m）
I_c^*	电导流（A）	ε_r	相对介电常数（F/m）
I^*	净离子电流（A）	ρ_e^*	电荷密度（C/m^3）
p^*	压力（Pa）	η^*	流体黏性 [kg/(m·s)]
p	无量纲压力	η	无量纲流体黏性
E_s^*	流向势（V/m）	ρ^*	流体密度（kg/m^3）
E_s	无量纲流向势	β^*	压力黏性系数
n_+	阳离子的离子数浓度（mol/L）	β	无量纲压力黏性系数
n_-	阴离子的离子数浓度（mol/L）	ω	松弛系数
u_s	电渗速度与特征速度的比值	τ^*	应力张量（N）
M	无量纲离子摩擦系数	τ	无量纲应力张量
		κ	Debye-Hückel 参数
		ξ	电动能量转换效率
		*	有量纲变量

第1章 绪 论

1.1 黏性依赖压力条件下流体在微流控装置中的电动流动和能量转换的研究意义

近年来，随着微纳电子学的快速发展，微流控技术受到了广泛的关注，其应用范围涵盖芯片实验室设备[1-3]、静脉给药系统[4,5]、生物与化学传感器[6,7]、粒子分离器[8,9]、能量转换器[10,11]等。微流控技术的核心在于实现微纳米尺度通道内流体的高效驱动和有效操控。其中，流体驱动是微流控领域的关键技术之一，包括液体在不同驱动机制下的简单或复合流动、单相或多相流动以及操控不同种类流体实现快速分离和混合等。

目前，微流体流动的驱动和操控方式多样，采用的原理也各不相同。适当的驱动，如压力驱动、电场驱动、磁场驱动以及它们混合驱动，可以更有效地改善微流控器件的性能[12-14]。在微流体电动力学领域，实验技术已取得显著进展，如电化学传感的纳米电极、原子力显微镜和高分辨率电子显微镜[15-18]。然而，由于实验仪器尺度的限制，微尺度下电动流体力学的基本特性难以直接获取[19]。相比之下，理论模型能够详细预测电势分布和离子浓度，并通过各种参数分析电动力学效应[20]。因此，建立解析或数值的理论模型以分析微纳米通道中的电动效显得尤为重要[21]。

当固体壁面与电解质溶液接触时，固–液接触面会发生水解反应从而被极化，形成表面电荷。由于表面电荷会吸引溶液中的异性离子同时排斥同性离子，使得固–液界面附近会形成正负离子浓度差，从而形成带电液体薄层，即双电层。双电层由吸附层和扩散层构成[22-24]。在微纳米通道中，假设固体壁面带负电荷并在通道的主轴方向施加一个恒定的电场，由于电场力的作用，双电层中的离子会带动附近流体微团沿着电场方向移动，从而形成电渗流[25, 26]。除了电渗流以外，还有电泳、流向势以及沉降电势等电动现象[27]。

本书主要研究流向势。流向势与电渗流的一个重要的区别在于有无外加电场。在没有外加电场的情况下，双电层内的净离子在压力驱动下会随着流体流动到通道下游，产生离子电流，即流向电流。同时，净离子在微通道下游积累，导致下游的电势高于上游，通道两端会产生一个电势差。该电势差会诱导一个与流动方向相反的电场，即流向势。实验表明，流向势与表面电荷、电解质浓度和通道尺寸密切相关[28]。流向势产生的同时也能够诱导出一个反向离子电流，即电导流[29-34]。流向电流和电导流使得微通道中的净离子电流为零，基于此可以确定流向势。流向电流可以应用到外部负载，实现机械能到电能的转化。这个能量转换过程是流向势的重要应用之一，即电动能量转换[35-38]。

这种电动流动现象自发现以来一直备受关注。Quinckes[39]在1859年对狭窄毛细管中的Poiseuille流动进行了实验研究，首次发现通道两端存在电势差。Helmholtz[40]在1879年建立了经典的流向势理论。Perrin[41]在1904年给出了压力梯度与流向势的数学表达式。White等[42]在1932年测量了毛细管中的流向势。Ahmad[43]在1964年实验研究中发现流向势与压力梯度呈线性关系。在过去的几十年里，关于流向势的研究一直在继续。Chun[44]利用Navier-Stokes方程建立了一维数学模型，研究微通道内的流向势。不同微流体装置内流向势问题得到了广泛的研究[45-48]。

上述关于电动流动的研究大多未考虑流体黏性的变化。然而在微流控装置中，流体黏性会随压力发生变化，尤其是在高压驱动流中。Papautsky[49]发现实验测得的流速低于理论值，这可能是由于在理论研究中忽略了流体黏性的变化。然而，随着更精确的测量方法的提出，Sharp等[50]、Li等[51, 52]以及Judy等[53]在相关的研究结果中均表示，当微通道的直径大于10 μm时，实验观察到的流体流动特性与理论预测几乎一致。随后，Cui等[54]对更小尺度的微通道内的流动进行了实验研究，他们测量了高压（1～30 MPa）条件下流体在直径为3～10 μm的圆柱形微米通道内流体的体积流率，发现流体沿轴向的黏性确实发生了改变，并且压力梯度呈非线性。

许多实际的工程应用，如流体薄膜的润滑[55, 56]、聚合物熔化[57]、原油和燃油的泵送[58, 59]等将流体黏性看作常数，导致理论结果与实验结果之间存在较大的误差[60]。这是因为当压力差达到50 atm①时，流体黏性的变化已经非常明显[61-63]。近年来，由于人们对高压工程和技术的兴趣日益浓厚，黏性依赖压力效应对流体流动的影响受到了广泛关注[64-67]。实际中，通常使用线性型或指数型的依赖公式来描述黏性和压力的依赖关系[68, 69]。虽然关于黏性依赖压力条件下牛顿流体流动的理论研究已较为丰富，但针对非牛顿流体的理论研究相对较少。这主要是因为非牛顿流体本构关

---

① 1 atm=101.325 kPa。

系比较复杂，从而导致解析困难。此外，在地球流体力学[70-73]、蜡质原油输送[74]、聚合物挤出[75,76]和聚合物注射成型[77]等实际问题中，不仅流体的黏性会随压力发生变化，而且流体的密度、滑移系数和松弛时间（对黏弹性流体而言）等物理特性也明显地随压力发生变化。因此，流体物理特性参数随压力变化的研究逐渐引起科研人员的关注。例如，当流体的密度随压力发生变化时，流体的可压缩性变得非常重要。一般来说，指数型依赖关系用于描述可压缩流体，线性型依赖关系用于描述弱可压缩流体[78]。对于牛顿流体[79,80]和非牛顿流体[81,82]，建立完整的可压缩流体的数学模型以及获得流动速度的解析解是十分有意义的[83-87]。

本书将利用摄动法研究黏性依赖压力条件下牛顿流体、黏弹性流体在微流控装置中的电动流动和能量转换等相关问题。本书通过建立数学模型，以压力黏性系数为小参数展开流动控制方程和边界条件，获得二维动量方程的渐近解。根据获得的流动速度和压力分布，我们可以进一步得到流向势和转换效率的表达式。通过参数化分析，揭示压力黏性系数、Weissenberg数、松弛系数等其他参数对流向势、速度、压力、黏性以及能量转换效率的影响规律。

1.2 国内外研究进展

1.2.1 微流体装置中流向势及电动能量转换效率的研究

在没有外加电场的情况下，根据双电层效应，电解质溶液在微通道壁面附近过剩的净离子在压力驱动下沿着压力降方向迁移到通道的末端，导致通道下游的电势高于上游电势，流动过程中形成了流向电流并且诱导出一个流向势。这种流动称为非电驱动的电动流动。国内外学者在微流体中非电驱动的电动流动研究方面已取得一系列进展[88-94]。此外，由于流向势的方向与流动方向相反，因此在非电驱动的电动流动中，流体的速度和流量会略低于 Poiseuille 流。这种流量降低的现象可以视为 Poiseuille 流中流体具有较高的黏性，也称"电黏性效应"[95, 96]。研究表明，流向电流能够提供一种简单有效的方式，将机械能转化为可用的电能[97-99]，这种基于流向势或流向电流的电动能量转换一直是微流体的研究热点之一。

1965 年，Morrison 等[100]在一个半径为 100 nm 的圆柱形玻璃通道中，通过压力梯度驱动纯水溶液，获得最大的能量转换效率为 0.9%。对于不同的 LiCl、KCl 和纯水电解质溶液，Van der Heyden 等[101]得到了相应电解质溶液的能量转换效率分别为 12%、7% 和 2%，疏水性滑移微通道材料可以提高电动能量转换效率，Eijkel[102]在微通道中证实了水动力滑移能明显地提高电动能量转换效率。当滑移长度为 5 nm 时，Davidson 等[103]从理论上获得了将近 30% 的电动能量转换效率。当滑移长度为 30 nm 时，Ren 等[104]理论上预测了电动能量转换效率，其最大的效率可以达到 40%。一般来说，通过单个微纳米通道获取的能量转换效率比较小，但在实际的应用中可将单个纳米通道进行排列，组合成纳米通道阵列以提高能量转换效率[105, 106]。此外，微流体装置常用于分析非牛顿流体。Bandopadhyay 等[107, 108]研究了周期压力驱动的黏弹性流体的电动能量转换效率。他们发现与牛顿流体的电动能量转换效率相比，当压力振动频率与流体的松弛时间相等时，黏弹性流体的转换效率明显提高。其放大的机制主要源于流体的流变学特性和双电层内离子传输特性之间的复杂相互作用。Chanda 等[109]以及 Chen 等[110]在柔性纳米通道①中研究了流向势和电黏性效应。结果表明，与等效的刚性纳米通道相比，柔性纳米通道中的电动能量转换效率可以有效提高。紧接着，Jian 等[111]研究了柔性纳米通道中黏弹性流体的电动能量转换效率，发现在某一振荡频率下，最大的能量转换效率约为 25%。Mei 等[112]发现双电层重叠的情况下，在溶液中加入阴离子可以明显提高最大输出功率和转换效率。基于磁流体力学，Xie 等[113]研究了纳米流体在微通道中的电动流动和能量转换，这里洛伦兹力将替代压力产生流向势。结果表明，加入纳米粒子不仅能提高输出功率，还能提高能量转换效率。通过改变微装置的几何形状，Li 等[114]研究了弯曲矩形截面的纳米通道中的电动能量转换效率，发现在一定的参数范围内弯曲通道中的转换效率是直纳米通道的 1.17 倍。2021 年，Ding 等[115, 116]研究了在振荡的压力梯度下黏弹性流体的共振行为，得到了临界 Deborah 数 $De_c=1/4$，它决定了共振的发生。他们发现，这种共振可以极大地提高 Maxwell 流体模型的电动能量转换效率。其他有关提高能量转换效率的方法也被证实，如两层流体[117]、steric 效应[118-120]以及加入聚合物[121, 122]等。

1.2.2 黏性依赖压力的研究

近年来，黏性依赖压力条件下流体的流动受到了人们的广泛关注。在高压驱动下，最常用的黏性和压力的依赖关系为指数型和线性型[123-125]。Bridgman[126]在高压物理的实验中给出了流体的物理特性随压力变化的详细介绍。Bulíče 等[127]讨论了黏性依赖压力条件下不可压缩流体的非定常的三维流动问题，并且在滑移的边界条件下说明了弱解的存在性。

---

① 柔性纳米通道：在刚性纳米通道表面覆盖一层聚电解质层。

Hron 等[128]通过理论研究黏性随压力变化的流动，证明了只有当黏性和压力满足线性关系时，单一方向的 Couette 和 Poiseuille 流动是合理的。类似地，Renardy[129]证明了对任意的横截面的通道，只有当黏性是压力的线性函数时，平行剪切流动才是可能的。Srinivasan 等[130]理论研究了黏性随压力变化的第一和第二 Stokes 问题，发现黏性依赖压力效应对壁面处的涡结构和切应力有明显的影响，呈现出与恒定黏性的牛顿流体不一样的特征。利用润滑近似理论，Rajagopal 等[131]研究了倾斜平板上流体的流动问题，通过润滑理论获得了流动的行波解。结果发现，在黏性依赖压力的情况下，这些解与恒定黏性的牛顿流体的解有很大的不同。此外，他们还发现与经典牛顿流体相比，黏性对压力的依赖性可以使破波时间增加一个数量级或更多。在单向流动的假设下，Kalogirou 等[132]给出了具有黏性线性依赖压力的 Poiseuille 流在平行板通道、圆柱形和环形通道中的解析解，发现当流体有效黏性逐渐增大时，速度剖面由原来的抛物形变成三角形。Srinivasan 等[133]以及 Akyildiz 等[134]分别研究了环形和矩形通道中黏性依赖压力条件下牛顿流体的流动。Housiadas 等[135]推导了矩形通道中黏性依赖压力条件下牛顿流体的稳定流动的解析解。

不仅流体黏性可以随着压力发生变化，其他物理特性［如滑移长度、密度和松弛时间（黏弹性流体）］也随压力发生变化。假设滑移系数随压力指数型变化，Panaseti 等[136]利用摄动法研究了不可压缩的牛顿流体的 Poiseuille 流动。在流体黏性和松弛时间都依赖压力条件下，Karra 等[137]以 Maxwell 流体为模型研究了由振动板引起的黏弹性流体的流动特征，并且获得相应边值问题的解析解。基于黏性和松弛时间均随压力指数型变化的假设，Housiadas[138]利用摄动法得到了黏性和松弛时间依赖压力条件下压力驱动流的黏弹性流体的渐近解。结果发现，变化的黏性和松弛时间不仅可以增强主流方向的压力梯度，还能够诱导一个垂直方向的压力梯度，导致流体产生一个垂直方向的速度。随后，Housiadas[139]又获得了Poiseuille 流动中黏性依赖压力条件下黏弹性流体的解析解。当流体密度发生变化时流体可以看作可压缩的。Poyiadji 等[140]考虑了密度和剪切黏性均随压力变化下弱可压缩的牛顿流体的 Poiseuille 流动，并且获得了渐近解。随后，Housiadas 等[141]在黏性和密度都线性依赖压力的情况下研究了弱可压缩牛顿流体在平行板通道和圆柱形通道中的 Poiseuille 流动，利用摄动法获得了二维流动的一阶渐近解。结果显示，黏性依赖压力条件下流体的弱可压缩性和黏性对平均摩擦因子和驱动流体流动的平均压力差有相反的作用。紧接着，Regmi 等[142]用同样的方法研究了黏性和密度均线性依赖压力条件下弱可压缩流体在滑移圆柱通道内的流动，将压缩性系数作为小参数，得到了流速的二阶解。

1.2.3　黏性依赖压力在微流控装置中的研究

黏性依赖压力条件下流体的流动大多集中在宏观尺度下。事实上，在微纳米通道中，流体的黏性也会随着压力发生变化。中国科学院力学所李占华研究组实验研究了高压驱动下圆柱形微通道内的流体流动特性[54]。当压力差由 10 atm 变化到 300 atm、圆管的直径由 3 μm 变化到 10 μm、雷诺数由 0.1 变化到 24 时，发现牛顿流体在高压下的运动特征与经典的 Poiseuille 流动的理论预测是有区别的。此外，李占华等[143]进一步发现当微通道的半径小于 10 μm、压力为 1 ~ 30 MPa 时，将流体的黏性看作压力的函数，实验测到的数据与经典的理论结果非常吻合。这些都说明高压驱动下压力对流体黏性的影响在微流体中也是不可忽略的。2011 年，菅永军等[144]研究了黏性依赖压力条件下牛顿流体在圆柱形纳米通道中的电动流动和能量转换。结果表明，压力黏性系数会降低电动能量转换效率。紧接着，菅永军等[145,146]又研究了黏性和松弛时间依赖压力条件下滑移纳米通道中黏弹性流体的电动流动和能量转换。结果表明，随着松弛系数的增大，流向势减小，流体黏性增大。随着滑移长度的增加，黏弹性流体的黏性逐渐变弱。松弛系数的增加会导致电动能量转换效率的降低，然而黏性和松弛时间依赖压力条件下滑移长度仍然能提高黏弹性流体的电动能量转换效率。在微流体能量转换器中，科研人员期望从微装置中获得更高的能量转换，因此寻找合适的方式提高电动能量转换效率也是一个主要工作。我们发现当考虑滑移的纳米通道或者高的表面电荷密度时，最大转换效率可以明显地提高。

第 2 章 基本概念

2.1 电动流动

电动流动在微流控装置中具有重要意义，常见的电动流动有电渗流和流向势等。其中，电渗流是电解质溶液在外加电场下相对于带电壁面的运动，是通过外加电场的控制实现流体的泵送和流动。无须机械驱动是电渗流的一大优势。流向势是压力驱动电解质溶液从而自发形成的一个与流动方向相反的电场。区分电渗流和流向势的主要特征是有无外加电场。此外，无论是电渗流还是流向势，均需要考虑双电层。

2.1.1 双电层

当二氧化硅与水溶液接触时，它的表面水解形成硅醇表面基团。基于电解质溶液的 pH，这些基团可能带正电（Si—OH$_2^+$）、中性（Si—OH）和负电（Si—O$^-$）。假设通道表面带负电（如去离子水），溶液中的正离子会被吸引到固-液界面附近，负离子将被排斥从而远离固-液界面。在远离固-液界面处，溶液仍保持电中性。图 2.1 中给出了缓冲溶液中离子分布的示意图。

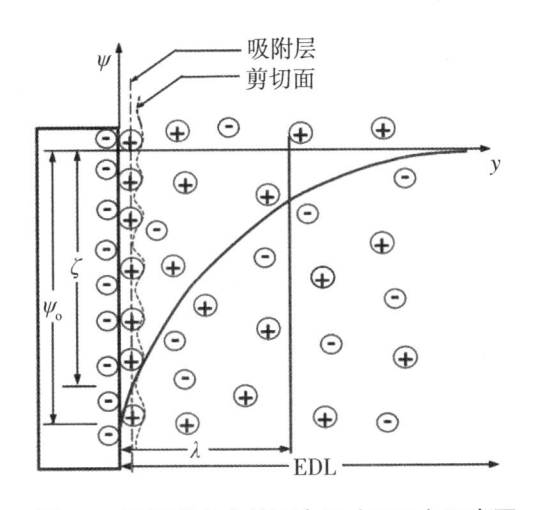

图 2.1 壁面带负电的双电层（EDL）示意图

注：ψ 是电势，ψ_o 是壁面电势，ζ 是 Zeta 电势，y 是距离壁面的距离[147]。

相反电荷的离子团紧靠壁面，形成厚度为一个离子直径的吸附层。在吸附层内的离子被强静电力固定在带电壁面附近，分子动力学研究已经证明了这种离子的排列[147]。紧邻吸附层的是由正负离子组成的扩散层，扩散层中的离子服从玻尔兹曼分布。双电层由吸附层和扩散层组成。由双电层引起的离子分布可以用电势 ψ 来表示。由于吸附层中带相反电荷的离子屏蔽了表面的部分电荷，电势在吸附层上迅速下降。吸附层边缘的 ψ 称为 Zeta 势。对于大多数实际情况，我们用 Zeta 势来描述电动流动，而不是壁面电势 ψ_o（详见图 2.1）。双电层中的电势分布满足：

$$\nabla^2 \psi = -\frac{\rho_e}{\varepsilon_0 \varepsilon_r} \quad （2.1）$$

$$\rho_e = F\sum z_i n_i \quad （2.2）$$

式中：ρ_e 是电荷密度；F 是法拉利常数；z_i 是离子化合价；n_i 是离子浓度。这里需要指出的是扩散层中所含的净电荷是产生电动流动的主要原因，扩散层中的带电粒子或者离子会在一定条件下（如外加电场）发生定向移动。

2.1.2 流向势

在外加压力梯度下，电解质溶液沿着压力降的方向流动。由于双电层的存在，双电层中的净离子随着电解质溶液发生定向迁移，从而产生流向电流。同时，这些离子聚集在通道的下游，导致下游电势比上游电势高，产生一个与流动方向相反的电场，即流向势。流向势产生的同时往往会伴随一个电导流。根据流向电流和电导流平衡，可以确定流向势。此外，流向电流可以应用到外部负载，实现水力能向电能的转化。图 2.2 为电动能量转换器的原理图。

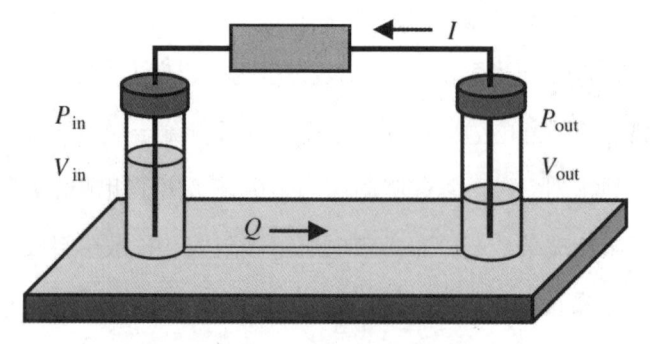

图 2.2 电动能量转换器原理图[122]

2.2 黏性依赖压力

对于宏观和微观流体的流动，高压下的流体黏性并非恒定，它会随压力变化，即 $\eta = \eta(p)$。这种流体黏性依赖压力的物理特性已经被证实。目前，常见的描述流体黏性和压力的依赖关系有 2 种。一个是 Barus[123] 提出的指数型依赖关系：

$$\eta = \eta_0 \exp\left[\beta\left(p - p_{\text{ref}}\right)\right] \tag{2.3}$$

这种形式的黏性依赖压力可以很好地与实验数据拟合，尤其是对于复杂的非牛顿流体。然而，指数型依赖关系在理论求解流场时往往不够方便。另一个是 Barus[124] 提出的线性型依赖关系：

$$\eta = \eta_0 \left[1 + \beta\left(p - p_{\text{ref}}\right)\right] \tag{2.4}$$

值得指出的是，线性型依赖关系经常用于处理黏性依赖压力条件下单一方向的流动问题[128]。此外，聚合物熔体压力黏性系数 β 的值大约是 10^{-50} GPa^{-1} [148-150]，润滑油 β 大约是 10^{-70} GPa^{-1} [151] 和矿物油 β 大约是 10^{-20} GPa^{-1} [152]。

第 3 章 黏性依赖压力条件下牛顿流体在微流控装置中的电动流动和能量转换

3.1 提出问题

本章考虑轴向长度为 L^*、直径为 $2R^*$ 的圆柱形纳米通道中压力驱动的电动流动，如图 3.1 所示。假设纳米通道的长度远远大于直径（即 $L^* \gg 2R^*$），且壁面 Zeta 势为 ψ_w^*。纳米通道中充满不可压缩的电解质溶液，并考虑黏性依赖压力的效应 $\eta^*(p^*)$。在外加压力梯度 $-\dfrac{\mathrm{d}p^*}{\mathrm{d}z^*}$ 驱动下，溶液沿着压力梯度的方向移动。根据 2.1.2，在流动过程中将产生一个与主流方向相反的流向势。如图 3.1 所示，在圆柱形纳米通道的入口中心处建立柱坐标系。

第3章 黏性依赖压力条件下牛顿流体在微流控装置中的电动流动和能量转换

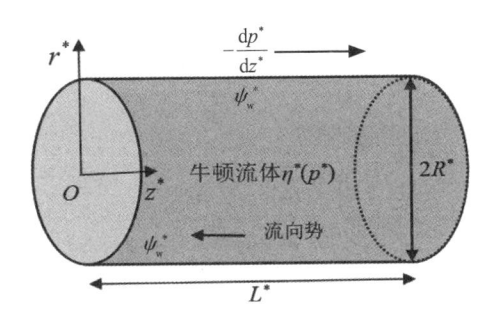

图3.1 黏性依赖压力条件下牛顿流体在圆柱形纳米通道中电动流动示意图

3.2 建立数学模型及求解问题

3.2.1 电势分布

当电解质溶液与微钠通道壁面接触时，固-液界面处会发生化学反应，形成双电层。根据双电层理论，双电层电势 $\psi^*(r^*)$ 满足[29, 113]：

$$\frac{1}{r^*}\frac{\partial}{\partial r^*}\left(r^*\frac{\partial \psi^*}{\partial r^*}\right) = -\frac{\rho_e^*}{\varepsilon_0 \varepsilon_r} \tag{3.1}$$

式中：r^* 表示极径，表示到极点的距离；ε_0 是真空的介电常数；ε_r 是介质的相对介电常数；ρ_e^* 是电荷密度并且表达式如下[29]：

$$\rho_e^* = e_0(z_+ n_+ + z_- n_-) \tag{3.2}$$

式中：e_0 是单位电荷；z_+ 和 z_- 是阳离子和阴离子的化合价，且假设 $z_+=z_-=z_v$；阳离子和阴离子的离子数浓度分别是 n_+ 和 n_-，且满足玻尔兹曼分布[29, 101]，即

$$n_{\pm} = n_0 \exp\left(\frac{\mp e_0 z_v \psi^*}{k_B T}\right) \tag{3.3}$$

式中：n_0 是离子数浓度。假设壁面 Zeta 势小于 25 mV，可以利用 Debye-

Hückel 线性近似 $\exp\left(\dfrac{\mp e_0 z_v \psi^*}{k_B T}\right) \approx \left(\dfrac{1 \mp e_0 z_v \psi^*}{k_B T}\right)$ 简化式（3.3）。结合式（3.2）和式（3.3），式（3.1）可以改写为

$$\rho_e^* = -\varepsilon_0 \varepsilon_r \kappa^2 \psi_w^* \dfrac{\cosh(\kappa y^*)}{\cosh(\kappa H^*)}, \quad \kappa = \sqrt{\dfrac{2 n_0 z_v^2 e_0^2}{\varepsilon_0 \varepsilon_r k_B T}} \tag{3.4}$$

式中：k_B 是玻尔兹曼常数；T 是绝对温度；κ 是 Debye–Hückel 参数，且 $\dfrac{1}{\kappa}$ 表示双电层的厚度。为了获得电势的解析解，相应的边界条件如下：

$$\psi^*(r^*)|_{r^*=R^*} = \psi_w^*, \quad \dfrac{\mathrm{d}\psi^*}{\mathrm{d}r^*}\Big|_{r^*=0} = 0 \tag{3.5}$$

式中：ψ_w^* 为壁面 Zeta 势。结合式（3.4）和式（3.5），可以获得电势的解析解：

$$\psi^*(r^*) = \psi_w^* \dfrac{I_0(\kappa r^*)}{I_0(\kappa R^*)} \tag{3.6}$$

式中：I_0 表示零阶贝塞尔函数；R^* 是圆柱形纳米通道的半径。因此根据式（3.2），我们可以获得电荷密度 ρ_e^*：

$$\rho_e^* = -\varepsilon_0 \varepsilon_r \kappa^2 \psi_w^* \dfrac{I_0(\kappa r^*)}{I_0(\kappa R^*)} \tag{3.7}$$

3.2.2 速度和压力分布

黏性依赖压力条件下，考虑不可压缩牛顿流体的电动流动。流动速度满足的连续性方程和动量方程的矢量形式如下[33]：

$$\nabla^* \cdot \boldsymbol{u}^* = 0 \tag{3.8}$$

$$\rho^* \left(\dfrac{\partial \boldsymbol{u}^*}{\partial t^*} + \boldsymbol{u}^* \cdot \nabla^* \boldsymbol{u}^*\right) = -\nabla p^* + \nabla^* \cdot \tau^* + \rho_e^* \boldsymbol{E}_s^* \tag{3.9}$$

式中：$\boldsymbol{u}^* = (u_r^*, u_z^*)$ 是速度矢量；ρ^* 是流体密度；p^* 是压力，$\boldsymbol{E}_s^* = (0, E_s^*)$ 是

诱导的流向势；τ^* 是应力张量。因为流体的黏性与压力有关，所以应力张量可表示为[138]

$$\tau^* = \eta^*\left(p^*\right)\left[\nabla^*\boldsymbol{u}^* + \left(\nabla^*\boldsymbol{u}^*\right)^{\mathrm{T}}\right] \quad (3.10)$$

式中：$\eta^*\left(p^*\right)$ 是流体的有效黏性。本章应用的是黏性线性依赖压力关系[135]：

$$\eta^*\left(p^*\right) = \eta_0^*\left(1 + \beta^* p^*\right) \quad (3.11)$$

其中，η_0^* 为不受压力影响的流体黏性；β^* 为压力黏性系数。对于稳态流动，将式（3.10）代入式（3.9）并忽略圆周方向的速度，可获得黏性依赖压力条件下流体的连续性方程和动量方程的分量形式：

$$\frac{\partial u_z^*}{\partial z^*} + \frac{\partial u_r^*}{\partial r^*} + \frac{1}{r^*} u_r^* = 0 \quad (3.12)$$

$$\rho^*\left(u_r^* \frac{\partial u_z^*}{\partial r^*} + u_z^* \frac{\partial u_z^*}{\partial z^*}\right)$$
$$= -\frac{\partial p^*}{\partial z^*} + \frac{\partial}{\partial z^*}\left(2\eta^* \frac{\partial u_z^*}{\partial z^*}\right) + \frac{\partial}{\partial r^*}\left[\eta^*\left(\frac{\partial u_r^*}{\partial z^*} + \frac{\partial u_z^*}{\partial r^*}\right)\right] + \frac{\eta^*}{r^*}\left(\frac{\partial u_r^*}{\partial z^*} + \frac{\partial u_z^*}{\partial r^*}\right) + \rho_e^* E_s^*$$
$$(3.13)$$

$$\rho^*\left(u_r^* \frac{\partial u_r^*}{\partial r^*} + u_z^* \frac{\partial u_r^*}{\partial z^*}\right)$$
$$= -\frac{\partial p^*}{\partial r^*} + \frac{\partial}{\partial z^*}\left[\eta^*\left(\frac{\partial u_r^*}{\partial z^*} + \frac{\partial u_z^*}{\partial r^*}\right)\right] + \frac{\partial}{\partial r^*}\left(2\eta^* \frac{\partial u_r^*}{\partial r^*}\right) + \frac{1}{r^*}\left(2\eta^* \frac{\partial u_r^*}{\partial r^*} - 2\eta^* \frac{u_r^*}{r^*}\right)$$
$$(3.14)$$

考虑黏性依赖压力效应，压力分布是一个未知函数，它同时依赖于 r^* 和 $z^{*①}$。为了获得流动速度和压力，需要耦合求解式（3.12）~式（3.14）。首先，我们需要给出合适的边界条件，在纳米通道壁面处，轴向速度 u_z^* 满

---

① z^* 是表示圆柱的轴向方向距离原点的距离，r^* 表示径向方向距离远点的距离。

足无滑移边界条件，径向速度 u_r^* 满足无渗透边界条件。在纳米通道的中心处，考虑轴对称性质[138]。此外，在纳米通道出口处给定参考压力 p_{ref}^* 和恒定体积流率 Q^*。上述边界条件的数学形式为[138]

$$u_z^*|_{r^*=R^*}=0, \quad u_r^*|_{r^*=R^*}=0, \quad \frac{\partial u_z^*}{\partial r^*}\bigg|_{r^*=0}=0, \quad u_r^*|_{r^*=0}=0,$$

$$p^*(R^*,L^*)=p_{\text{ref}}^*, \quad 2\pi\int_0^{R^*} u_z^* r^* \mathrm{d}r^* = Q^* \tag{3.15}$$

引入无量纲变量和辅助参数：

$$z=\frac{z^*}{L^*}, \quad r=\frac{r^*}{R^*}, \quad a=\frac{R^*}{L^*}, \quad u_z=\frac{u_z^*}{U^*}, \quad u_r=\frac{u_r^*}{U^*R^*/L^*}, \quad U^*=\frac{Q^*}{\pi R^{*2}},$$

$$p=\frac{p^*-p_{\text{ref}}^*}{8\eta_0^* U^* L^*/R^{*2}}, \quad K=\kappa R^*, \quad \psi_w=\frac{e_0 z_v \psi_w^*}{k_B T}, \quad \psi=\frac{e_0 z_v \psi^*}{k_B T},$$

$$E_s=\frac{E_s^*}{E_0}, \quad u_s=\frac{k_B T \varepsilon_0 \varepsilon_r E_0}{e_0 z_v \eta_0^* U^*}, \quad \beta=\frac{8\beta^* \eta_0^* U^* L^*}{R^{*2}}, \quad \eta=\frac{\eta^*}{\eta_0^*} \tag{3.16}$$

式中：a 为圆柱形纳米通道的半径与长度的比值；U^* 是特征速度；β 为无量纲的压力黏性系数；u_z 为无量纲的轴向速度；u_r 为无量纲的径向速度；ψ_w 为无量纲的壁面 Zeta 势；E_s 为无量纲流向势；η 为无量纲流体黏性；u_s 为电渗速度与特征速度的比；K 是无量纲电动宽度，表示纳米通道半径与双电层厚度的比值。将这些无量纲变量和参数代入式（3.8）～式（3.14），可以得到相应的无量纲控制方程及边界条件：

$$\eta=1+\beta p \tag{3.17}$$

$$\frac{\partial u_z}{\partial z}+\frac{\partial u_r}{\partial r}+\frac{1}{r}u_r=0 \tag{3.18}$$

$$0=-8\frac{\partial p}{\partial z}+a^2\frac{\partial}{\partial z}\left(2\eta\frac{\partial u_z}{\partial z}\right)+a\frac{\partial}{\partial r}\left[\eta\left(a\frac{\partial u_r}{\partial z}+\frac{1}{a}\frac{\partial u_z}{\partial r}\right)\right]+\frac{a}{r}\eta\left(a\frac{\partial u_r}{\partial z}+\frac{1}{a}\frac{\partial u_z}{\partial r}\right)-u_s E_s K^2 \psi \tag{3.19}$$

$$0 = -8\frac{\partial p}{\partial r} + a^3\frac{\partial}{\partial z}\left[\eta\left(a\frac{\partial u_r}{\partial z} + \frac{1}{a}\frac{\partial u_z}{\partial r}\right)\right] + a^2\frac{\partial}{\partial r}\left(2\eta\frac{\partial u_r}{\partial r}\right) + \frac{a^2}{r}\left(2\eta\frac{\partial u_r}{\partial r} - 2\eta\frac{u_r}{r}\right)$$
（3.20）

$$\frac{\partial u_z}{\partial r}\Big|_{r=0} = 0, \quad u_r\big|_{r=0} = 0, \quad u_z\big|_{r=1} = 0, \quad u_r\big|_{l=1} = 0, \quad p(1, 1) = 0, \quad 2\int_0^1 u_z r \mathrm{d}r = 1$$
（3.21）

这里需要指出的是，在微纳尺度流动中，典型物理参数如下：通道半径 R^* 为 100 ~ 100 000 nm，特征速度 $U^* \sim 10^{-4}$ m/s，流体密度 $\rho^* \sim 1\times 10^3$ kg/m³，参考压力条件下的黏性 $\eta_0^* \sim 0.93\times 10^{-3}$ kg/(m·s)。根据这些参数可以计算出雷诺数 $Re = \dfrac{\rho^* U^* R^*}{\eta_0^*} \ll 1$，因此式（3.19）和（3.20）中的惯性项可以忽略。

基于前人的研究[138]，压力黏性系数 β 可以看作一个小参数。为了得到流动速度和压力的解析表达式，本书采用摄动法。将相关的流动变量按小参数 β 进行正则展开：

$$X = \sum_{i=0}^{2} \beta^i X_i \qquad (3.22)$$

式中：$X = p, \eta, u_r, u_z$。将式（3.22）代入无量纲控制方程［式（3.17）~ 式（3.21）］，可以得到 β 的零阶、一阶和二阶方程及其相应的边界条件。在本章中，渐近解的形式为 $X = X_0 + \beta X_1 + \beta^2 X_2 + o(\beta^3)$。需要指出的是，当速度和压力达到二阶时，有效黏性能够达到三阶，如式（3.17）所示。接下来，我们给出详细的求解过程。

3.2.2.1 零阶解

假定 $u_{r_0} = 0$，可以获得零阶控制方程和边界条件：

$$\eta_0 = 1 \qquad (3.23)$$

$$\frac{\partial u_{z_0}}{\partial z} = 0 \qquad (3.24)$$

$$0 = -8\frac{\partial p_0}{\partial z} + \frac{\partial}{\partial r}\left(\frac{\partial u_{z_0}}{\partial r}\right) + \frac{1}{r}\frac{\partial u_{z_0}}{\partial r} - u_s E_s K^2 \psi \quad (3.25)$$

$$0 = -8\frac{\partial p_0}{\partial r} \quad (3.26)$$

$$\frac{\partial u_{z_0}}{\partial r}\bigg|_{r=0} = 0, \quad u_{z_0}\big|_{r=1} = 0, \quad p_0(1,1) = 0, \quad 2\int_0^1 u_{z_0} r \mathrm{d}r = 1 \quad (3.27)$$

根据式（3.26）可知，p_0 与 r 无关，因此 p_0 仅是 z 的函数。式（3.25）关于 r 积分两次并利用边界条件，可以获得零阶速度和压力：

$$u_{z_0} = \frac{1}{4}A_0\left(1 - r^2\right) + u_s E_s \psi_w \left[\frac{I_0(Kr)}{I_0(K)} - 1\right] \quad (3.28)$$

$$p_0 = \frac{1}{8}A_0(1 - z) \quad (3.29)$$

这里常数 A_0 是

$$A_0 = 8 - 8u_s E_s \psi_w \left[\frac{I_1(K)}{I_0(K)} - 1\right] \quad (3.30)$$

式（3.28）实际上就是不考虑黏性依赖压力效应的电动流动的速度。

3.2.2.2 一阶解

根据上述得到的零阶解，我们假设 u_{r_1} 仅为 r 的函数[138]，得到一阶控制方程和边界条件：

$$\eta_1 = p_0 \quad (3.31)$$

$$\frac{\partial u_{z_1}}{\partial z} + \frac{\partial u_{r_1}}{\partial r} + \frac{1}{r}u_{r_1} = 0 \quad (3.32)$$

$$0 = -8\frac{\partial p_1}{\partial z} + a^2\frac{\partial}{\partial z}\left(2\eta_0\frac{\partial u_{z_1}}{\partial z} + 2\eta_1\frac{\partial u_{z_0}}{\partial z}\right) + \frac{\partial}{\partial r}\left(\eta_0\frac{\partial u_{z_1}}{\partial r} + \eta_1\frac{\partial u_{z_0}}{\partial r}\right) + \frac{1}{r}\left(\eta_0\frac{\partial u_{z_1}}{\partial r} + \eta_1\frac{\partial u_{z_0}}{\partial r}\right) \quad (3.33)$$

$$0 = -8\frac{\partial p_1}{\partial r} + a^2\left[\frac{\partial}{\partial z}\left(\eta_0\frac{\partial u_{z_1}}{\partial r} + \eta_1\frac{\partial u_{z_0}}{\partial r}\right) + 2\frac{\partial}{\partial r}\left(\eta_0\frac{\partial u_{r_1}}{\partial r}\right) + \frac{\eta_0}{r}\left(2\frac{\partial u_{r_1}}{\partial r} - 2\frac{u_{r_1}}{r}\right)\right] \quad (3.34)$$

$$u_{z_1}|_{r=1}=0, \quad u_{r_1}|_{r=1}=0, \quad \frac{\partial z_1}{\partial r}|_{r=0}=0, \quad u_{r_1}|_{r=0}=0, \quad p_1(1,1)=0, \quad \int_0^1 u_{z_1} r \mathrm{d}r = 0$$
(3.35)

利用获得的零阶解，式（3.31）~式（3.34）可通过"Mathematica"软件进行求解。一阶速度和压力的表达式如下：

$$u_{z_1} = \frac{1}{8KI_0(K)} A_0 u_s E_s \psi_w (z-1) \left[(K-2Kr^2)I_0(K) + KI_0(Kr) + 4I_1(K)(r^2-1) \right]$$
(3.36)

$$u_{r_1} = \frac{1}{16} u_s E_s \psi_w r(r^2-1) \left[1 - \frac{2I_1(K)}{I_0(K)} \right] + \frac{1}{8KI_0(K)} A_0 u_s E_s \psi_w \left[rI_1(K) - I_1(Kr) \right]$$
(3.37)

$$p_1 = \frac{A_0}{256 K I_0(K)} \left\{ K I_0(K) \left[8 u_s E_s \psi_w \left(a^2 r^2 - 2(1-z)^2 \right) + A_0 \left(a^2(r^2-1) + 2(1-z)^2 \right) \right] \right.$$
$$\left. - 8 u_s E_s \psi_w \left[a^2 K I_0(Kr) + 2I_1(K)(a^2(r^2-1) - 2(1-z)^2) \right] \right\}$$
(3.38)

3.2.2.3 二阶解

类似于一阶解的计算，可以得到二阶控制方程和边界条件：

$$\eta_2 = p_1 \tag{3.39}$$

$$\frac{\partial u_{z_2}}{\partial z} + \frac{\partial u_{r_2}}{\partial r} + \frac{1}{r} u_{r_2} = 0 \tag{3.40}$$

$$0 = -8\frac{\partial p_2}{\partial z} + a^2 \frac{\partial}{\partial z}\left(2\eta_0 \frac{\partial u_{z_2}}{\partial z} + 2\eta_1 \frac{\partial u_{z_1}}{\partial z} \right) + a\frac{\partial}{\partial r}\left[\eta_0 \frac{\partial}{\partial r}\left(a \frac{\partial u_{r_2}}{\partial z} + \frac{1}{a}\frac{\partial u_{z_2}}{\partial r} \right) \right]$$
$$+ \frac{\eta_1}{a}\frac{\partial u_{z_1}}{\partial r} + \frac{\eta_2}{a}\frac{\partial u_{z_0}}{\partial r} \right] + \frac{a}{r}\left[\eta_0 \frac{\partial}{\partial r}\left(a\frac{\partial u_{r_2}}{\partial z} + \frac{1}{a}\frac{\partial u_{z_2}}{\partial r} \right) + \frac{\eta_1}{a}\frac{\partial u_{z_1}}{\partial r} + \frac{\eta_2}{a}\frac{\partial u_{z_0}}{\partial r} \right]$$
(3.41)

$$0 = -8\frac{\partial p_2}{\partial r} + a^3 \frac{\partial}{\partial z}\left[\eta_0 \frac{\partial}{\partial r}\left(a\frac{\partial u_{r_2}}{\partial z} + \frac{1}{a}\frac{\partial u_{z_2}}{\partial r}\right) + \frac{\eta_1}{a}\frac{\partial u_{z_1}}{\partial r} + \frac{\eta_2}{a}\frac{\partial u_{z_0}}{\partial r}\right]$$
$$+ a^2 \frac{\partial}{\partial r}\left(2\eta_0 \frac{\partial u_{r_2}}{\partial r} + 2\eta_1 \frac{\partial u_{r_1}}{\partial r}\right) + \frac{a^2}{r}\left[2\left(\eta_0 \frac{\partial u_{r_2}}{\partial r} + \eta_1 \frac{\partial u_{r_1}}{\partial r}\right) - \frac{2}{r}\left(\eta_0 u_{r_2} + \eta_1 u_{r_1}\right)\right]$$

（3.42）

$$u_{z_2}|_{r=1} = 0, \quad u_{r_2}|_{r=1} = 0, \quad \frac{\partial z_2}{\partial r}|_{r=0} = 0, \quad u_{r_2}|_{r=0} = 0, \quad p_2(1,1) = 0, \quad \int_0^1 u_{z_2} r \mathrm{d}r = 0$$

（3.43）

相应的二阶解见附录 A。

3.2.3 流向势分布

到目前为止，我们虽然得到了流动速度和压力的零阶、一阶和二阶解，但流向势 E_s 仍是一个未知常数。根据流向势的形成原理，在压力驱动的电动流动中，会同时产生流动电流（I_s^*）和电导流（I_c^*）[37, 109]。当流动达到稳定状态时，通道各截面上的净离子电流 I^*（即流向电流 I_s^* 与电导流 I_c^* 之和）为零。

$$I^* = I_s^* + I_c^* = 0 \tag{3.44}$$

其中，流向电流和电导流的数学表达式如下：

$$I_s^* = 2\pi \int_0^{R^*} \int_0^{L^*} e_0 z_v (n_+ - n_-) u_z^* r^* \mathrm{d}r^* \mathrm{d}z^* \tag{3.45}$$

$$I_c^* = 2\pi \int_0^{R^*} \int_0^{L^*} e_0 z_v (n_+ + n_-) \frac{e_0 z_v E_s^*}{f} r^* \mathrm{d}r^* \mathrm{d}z^* \tag{3.46}$$

式中：$n_\pm = n_0 \exp\left(\frac{\mp e_0 z_v \psi^*}{k_B T}\right)$；$f$ 是离子摩擦系数[109]。把式（3.45）和式（3.46）代入式（3.44），可以获得无量纲方程：

$$\int_0^1 \int_0^1 \psi \left(u_{z_0} + \beta u_{z_1} + \beta^2 u_{z_2} \right) \mathrm{d}r \mathrm{d}z = \frac{1}{2} M u_s E_s \qquad (3.47)$$

式中：$M = \dfrac{e_0^2 z_v^2 \eta_0^*}{k_B T f \varepsilon_0 \varepsilon_r}$，它是一个无量纲参数，可以作为等价的离子 Peclet 数[109]。将零阶速度、一阶速度、二阶速度以及电势的表达式代入式（3.47），可以得到流向势满足的三次方程：

$$a_1 E_s^3 + b_1 E_s^2 + c_1 E_s + d_1 = 0 \qquad (3.48)$$

这是因为流体的黏性是随压力变化的。当我们忽略压力与黏性的关系时，实际上得到了关于流向势的线性方程。这在恒定黏性的电动流动中是很常见的。此外，在式（3.48）中，E_s 有一个实根和一对虚根，其中，实根如下：

$$E_s = -\frac{b_1}{3a_1} - \frac{2^{\frac{1}{3}}(-b_1^2 + 3a_1 c_1)}{3a_1 \left[-2b_1^3 + 9a_1 b_1 c_1 - 27a_1^2 b_1^2 + \sqrt{4(-b_1^2 + 3a_1 c_1)^3 + (-2b_1^3 + 9a_1 b_1 c_1 - 27a_1^2 b_1^2)^2} \right]^{\frac{1}{3}}}$$
$$+ \frac{\left[-2b_1^3 + 9a_1 b_1 c_1 - 27a_1^2 d_1 + \sqrt{4(-b_1^2 + 3a_1 c_1)^3 + (-2b_1^3 + 9a_1 b_1 c_1 - 27a_1^2 b_1^2)^2} \right]^{\frac{1}{3}}}{3 \cdot 2^{\frac{1}{3}} a_1}$$

$$(3.49)$$

式中：a_1，b_1，c_1，d_1 是常数，见附录 A。

3.2.4　电动能量转换效率

机械能转化为电能是电动流动中一个重要的应用。实际上，压力梯度产生的流向电流可以应用到外部负载上，从而实现能量转换。根据上述得到的流动速度、压力和流向势，可以计算出电动能量转换效率 ξ，其数学表达式如下：

$$\xi = \frac{P_{\text{out}}^*}{P_{\text{in}}^*} \qquad (3.50)$$

这里，P_{out}^* 为输出功率；P_{in}^* 为输入功率[36, 109]。输入功率和输出功率主要是由上述获得的流动速度、压力、流向势和流向电流决定，具体的表达式可以写为

$$P_{\text{out}}^* = \frac{1}{4} I_s^* E_s^*, \quad P_{\text{in}}^* = -\frac{\partial p_{E_s=0}^*}{\partial z^*}\Big|_m Q_{E_s=0}^* \tag{3.51}$$

式中：$-\dfrac{\partial p_{E_s=0}^*}{\partial z^*}\Big|_m$ 为忽略流向势时的平均压力梯度。经过一些代数计算，可以得到相应的无量纲形式的电动能量转换效率：

$$\xi = \frac{M u_s^2 K^2 E_s^2}{128 \int_0^1 \int_0^1 \left(-\dfrac{\partial p|_{E_s=0}}{\partial z}\right) r \mathrm{d}r \mathrm{d}z \cdot \int_0^1 \int_0^1 u_z|_{E_s=0} \, r \mathrm{d}r \mathrm{d}z} \tag{3.52}$$

式中：下标 $E_s=0$ 表示忽略流向势效应的相关变量。实际上，根据前几节得到的压力和速度，很容易给出忽略流向势的压力和速度：

$$p|_{E_s=0} = (1-z) + \beta\left[\frac{1}{2}(1-z)^2 - \frac{1}{4}a^2(1-r^2)\right] + \beta^2\left[\frac{1}{6}(1-z)^3 + \frac{a^2}{12}(1-z)(3r^2-2)\right] \tag{3.53}$$

$$u_z|_{E_s=0} = 2(1-r^2) + \frac{a^2\beta^2}{24}(3r^2-1)(r^2-1) \tag{3.54}$$

需要指出的是，在忽略流向势的情况下，速度和压力的零阶解和一阶解与 Housiadas[138] 的结果相同。然而，二阶解与 Housiadas[138] 的结果不同。造成这种现象的主要原因是黏性以不同的形式依赖压力。在本章中，黏性线性依赖压力，但 Housiadas[138] 考虑了黏性指数型依赖压力。因此，电动能量转换效率的最终表达式为

$$\xi = \frac{3 M u_s^2 E_s^2 K^2}{4[24 + 12\beta + \beta^2(4-a^2)]} \tag{3.55}$$

3.3 结果与讨论

3.3.1 结果验证

为了验证目前计算结果的正确性,我们将速度和压力的渐近解与Housiadas[153]获得的精确解进行了比较。

一方面,在不考虑流向势效应的情况下,Housiadas[153]给出了黏性随压力变化下牛顿流体在圆柱形通道中的精确解。在我们目前的理论研究中,当忽略流向势时,我们的理论模型与Housiadas的一致[153]。如图3.2所示,当 β =0.1 时,流动速度和压力的对比结果非常一致;当 β =0.5 时,除纳米通道入口外,目前的压力与文献的结果[153]是一致的。事实上,对于较小的 β ,渐近解更接近精确解。因此,较大的 β 可能会引起一些误差。

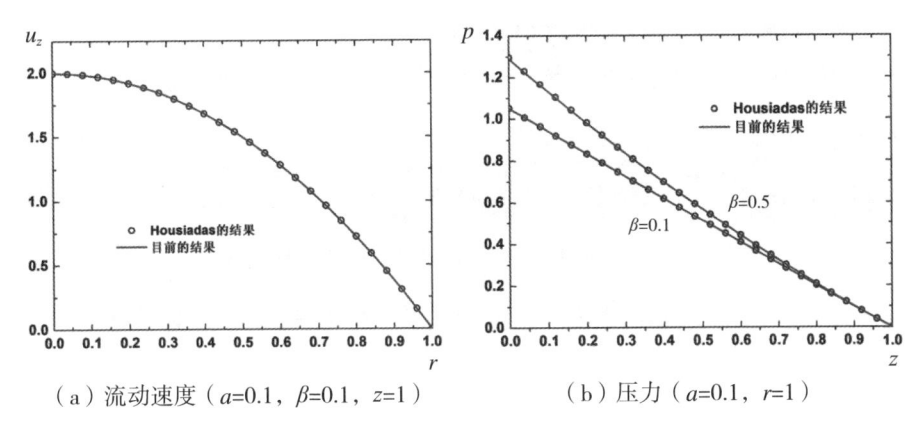

(a)流动速度(a=0.1,β=0.1,z=1)

(b)压力(a=0.1,r=1)

图3.2 目前的渐近解与Housiadas[153]的精确解的比较

另一方面,由表3.1可知,当 β =0.5 时,目前的渐近解与Housiadas[153]的现有精确解之间的最大误差约为 0.005 7,是可以接受的。因此,本章中小参数 β 的取值范围为 0~0.5。此外,在不考虑流向势影响的情况下,本章的零阶和一阶表达式与Housiadas的表达式是一致的[138]。

表 3.1 压力的渐近解与精确解[153]的误差（β =0.5）

z	目前的结果	Housiadas 的解析解	最大误差
0	1.290 000 000	1.295 725 141	0.005 725 141
0.1	1.131 250 000	1.134 958 063	0.003 708 063
0.2	0.979 750 000	0.982 033 281	0.002 283 281
0.3	0.835 250 000	0.836 568 245	0.001 318 245
0.4	0.697 500 000	0.698 199 064	0.000 699 064
0.5	0.566 250 000	0.566 579 599	0.000 329 599
0.6	0.441 250 000	0.441 380 596	0.000 130 596
0.7	0.322 250 000	0.322 288 861	0.000 038 861
0.8	0.209 000 000	0.209 006 479	0.000 006 479
0.9	0.101 250 000	0.101 250 067	0.000 000 067
1.0	0.000 000 000	0.000 000 000	0.000 000 000

3.3.2 结果讨论

在前几节中，我们已经得到了速度、压力、流向势和电动能量转换效率的渐近解。接下来我们将详细讨论黏性依赖压力效应对电动流动和能量转换效率的影响。在此之前，需要给定电解质溶液的一些物理参数和特性，如 NaCl 溶液在室温 $T \sim 298$ K 下相应的介电常数 $\varepsilon_0\varepsilon_r \sim 79 \times 8.854 \times 10^{-12}$，黏性 $\eta_0^* \sim 0.93 \times 10^{-3}$ kg/(m·s)，离子摩擦系数 $f \sim 10^{-12}$ N·s/m，电子电荷 $e_0 \sim 1.6 \times 10^{-19}$ C，玻尔兹曼常数 $k_B \sim 1.381 \times 10^{-23}$ J/K；纳米通道半径为 100 ~ 200 nm，壁面 Zeta 势约为 −25 mV。经过计算，无量纲电动宽度 K 约为 1 ~ 15，壁面 Zeta 势 ψ_w =−1。假设电渗速度与参考速度的比为 0.1（即 u_s =0.1），无量纲离子摩擦系数 M 为 0.3[109]。

为了更清楚地理解压力黏性系数和无量纲电动宽度对流向势的影响，图 3.3 描述了不同压力黏性系数下流向势偏差 $\Delta E_s = E_s(\beta \neq 0) - E_s(\beta = 0)$ 随无量纲电动宽度 K 的变化。可以看出，当压力黏性系数为零时，流向势偏差也为零。随着压力黏性系数的增加，流向势偏差的绝对值逐渐增大。

这表明，随着压力黏性系数的增大，流向势的值呈增大趋势。这种现象可以用黏性依赖压力效应来解释。当压力黏性系数增加时，尽管流体黏性增强，但纳米通道两端的压力差也会增强。高压差可以增强自由离子的传输，导致流向势的增强。此外，对于给定的压力黏性系数，流向势偏差随无量纲电动宽度 K 的变化呈现出先增大后减小的趋势。这种变化趋势与恒定黏性流动中流向势的变化趋势相似。这说明黏性依赖压力并不会影响流向势的整体分布，它只影响流向势的值。

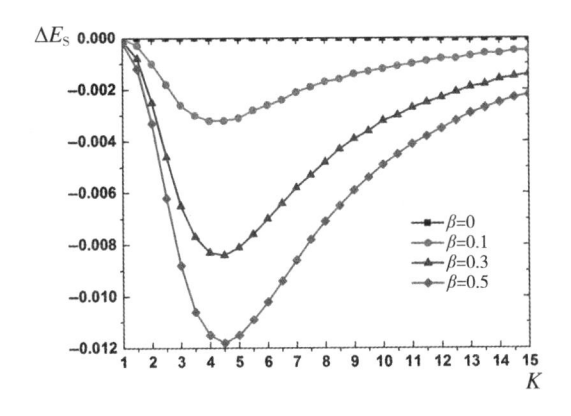

图 3.3　不同压力黏性系数 β 下流向势偏差 ΔE_s 随无量纲电动宽度 K 的变化

图 3.4 描述了轴向速度偏差 $\Delta u_z = u_z - u_{z_0}$ 的变化。可以看出，当忽略黏性依赖压力效应时，速度偏差等于零。随着压力黏性系数的增大，速度偏差值逐渐增大。从纳米通道中心到壁面，速度偏差先达到最大值，然后减小到零。造成这种现象的原因是流体黏性的变化：当考虑黏性依赖压力效应时，流体的黏性提高，纳米通道中心附近的流动速度明显降低；然而，由于恒定的体积流量，远离纳米通道中心处的流速会提高。此外，根据无滑移边界条件，在纳米通道的壁面处，流动速度可以降为零。随着压力黏性系数的增加，Δu_z 在靠近纳米通道中心处可以进一步减小，在靠近通道壁面处会进一步增大。压力黏性系数越大，流体有效黏性越高，中心处流速

进一步降低。此外,应该指出的是,在非电动流动中也讨论过类似的速度偏差剖面[138]。

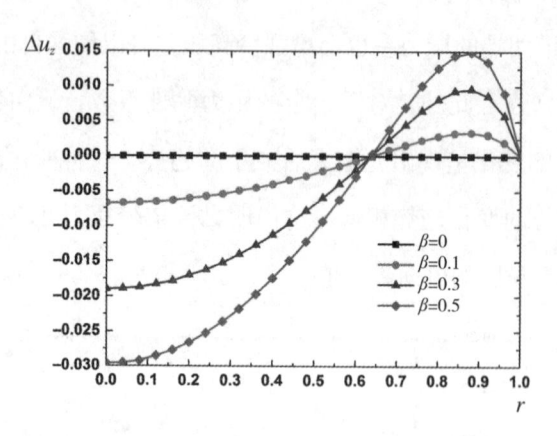

图 3.4　不同压力黏性系数下轴向速度偏差 Δu_z 随径向距离 r 的变化（K=10,z=0.5）

为了理解黏性依赖压力效应对通道中压力分布的影响,图 3.5 给出了压力、压力梯度和压力偏差 $\Delta p=p-p_0$ 的分布。可以观察到,从纳米通道入口到出口,压力、压力梯度和压力偏差均呈现减小的趋势。从图 3.5（a）中可以看出,随着压力黏性系数的增大,压力逐渐增大。此外,从图 3.5（a）和 3.5（b）中可以看出,压力和压力梯度呈现出近似的线性分布。为了更清楚地了解压力黏性系数对压力的影响,我们进一步给出压力偏差分布,如图 3.5（c）所示。可以看出,当考虑黏性依赖压力效应时,压力偏差实际是一个非线性的分布。这说明,在黏性依赖压力流动中,压力分布实际是非线性的,这种非线性的压力分布在高压 Poiseuille 流中也得到了证实[143]。随着压力黏性系数的增大,非线性特征变得更加明显。实际上,根据压力的渐近解我们可以看出,压力的零阶解与压力黏性系数无关,当无量纲电动宽度 K 给定时,零阶压力只是 z 的线性函数,而一阶和二阶压力却是非线性。这说明在黏性依赖压力流动中,非线性的压力分布是由变化的黏性引起的。

第3章 黏性依赖压力条件下牛顿流体在微流控装置中的电动流动和能量转换

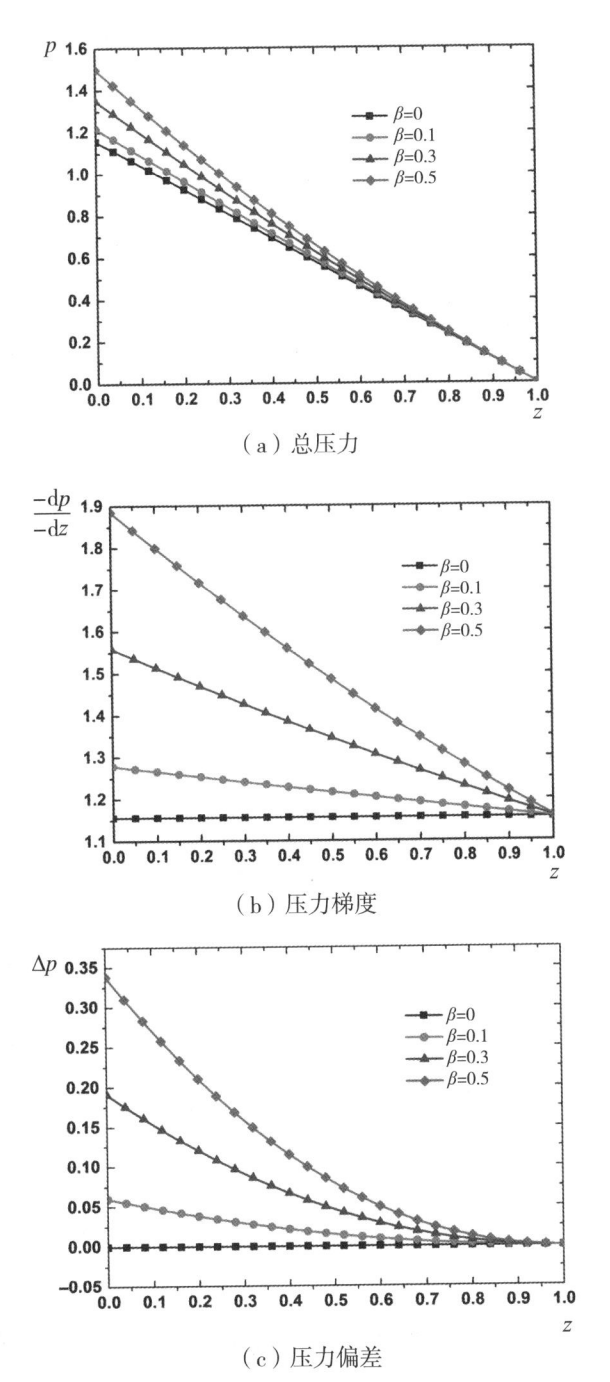

(a) 总压力

(b) 压力梯度

(c) 压力偏差

图 3.5 无量纲压力随轴向距离 z 的变化（$K=10$，$r=0$）

图3.6给出了不同压力黏性系数下流体黏性在 $E_s=0$ 和 $E_s \neq 0$ 情况下的分布。根据式（3.17），流体黏性可达到 β 的三阶。可以看出，由于黏性线性依赖压力效应，流体黏性随着压力黏性系数的变化与压力相似。此外，还讨论了流向势对流体黏性的影响。当 $\beta=0$ 时，根据式（3.17），流向势对流体黏性没有影响。当 $\beta>0$ 时，考虑流向势效应，流体黏性增大，这可以归因于电黏性效应。实际上，由于流向势的存在，会诱导一个电场力（与流动方向相反），从而降低流速和体积流率。这种流量的降低可以看作压力驱动流动中有效流体黏性的提高。因此，对于目前黏性依赖压力效应的电动流动，流体的有效黏性是由依赖压力的黏性和电黏性构成的。这两者共同作用使流体的有效黏性会进一步增强。

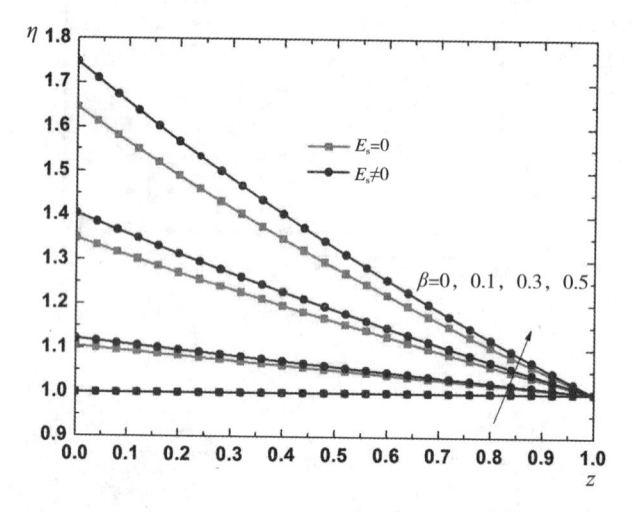

图3.6 不同压力黏性系数下，考虑流向势和不考虑流向势的无量纲黏性变化（$r=0$，$K=10$）

压力黏性系数作为电动流动的一个重要应用，我们进一步给出了其对电动能量转换效率的影响。由图3.7可以看出，电动能量转换效率随着无量纲电动宽度的增加先增加到最大值，然后逐渐减小。此时，根据最大的电动能量转换效率，我们可以确定一个最佳的无量纲电动宽度 K（约为 2.5）。此外，我们还发现，随着压力黏性系数的增加，能量转换效率逐渐降低，可能的原因是输入功率的增强。根据式（3.50）中能量转换效率的定义，较大的压力梯度会导致能量转换效率的降低。此外，从式（3.55）中可以明显看出，较大的压力黏性系数会导致能量转换效率的降低。

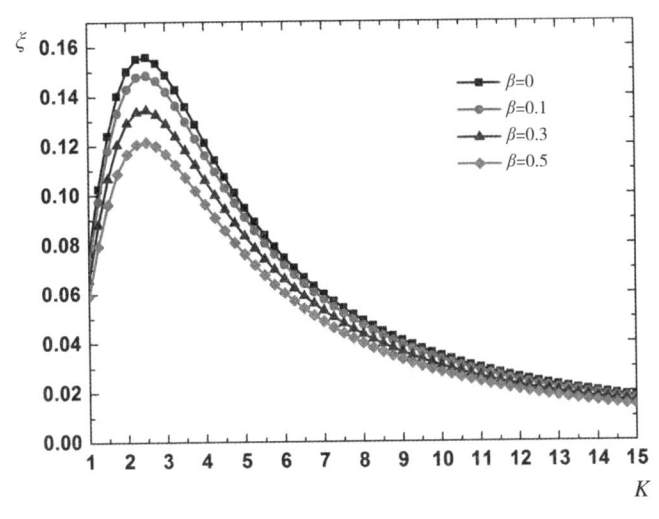

图 3.7 不同压力黏性系数下电动能量转换效率随 K 的变化

3.4 本章小结

在这一章中，我们分析了黏性依赖压力效应下牛顿流体在圆柱形纳米通道中的电动流动特性。与恒定黏性流体不同的是，当前流体的黏性依赖于未知的压力。在考虑了黏性依赖压力效应后，根据流动控制方程，利用摄动法耦合求解了流动速度和压力，得到了二阶流动速度和压力的渐近解。结果表明，流向势的值随压力黏性系数的增大而增大。此外，还可以得到一个非线性的压力分布，这种非线性的压力主要是由非恒定的流体黏性引起的。根据流动速度和流向势的渐近解，我们进一步分析了电动能量转换效率。研究发现，压力黏性系数越大，电动能量转换效率越低。

  本章的理论研究有助于理解黏性依赖压力条件下牛顿流体在微流控装置中的电动流动特征。

第4章　黏性依赖压力条件下黏弹性流体在微流控装置中的电动流动和能量转换

4.1　提出问题

如图 4.1 所示，在本章中主要研究黏性依赖压力条件下黏弹性流体在平行板纳米通道中的电动流动和能量转换效率。纳米通道的长度为 L^*，宽度为 W^*，高度为 $2H^*$。假设通道的宽度 W^* 和高度 $2H^*$ 都远远小于长度 L^*，即 $2H^* \ll L^*$ 和 $W^* \ll L^*$。在平行板纳米通道的中平面入口处建立如图 4.1 所示的笛卡儿坐标系 (x^*, y^*)。压力梯度 $\frac{-\mathrm{d}p^*}{\mathrm{d}x^*}$ 方向同 x^* 轴正方向，假设流体沿压力梯度方向流动，双电层内的净离子移动到通道下游，从而诱导一个反向的流向势[11, 35, 112]。

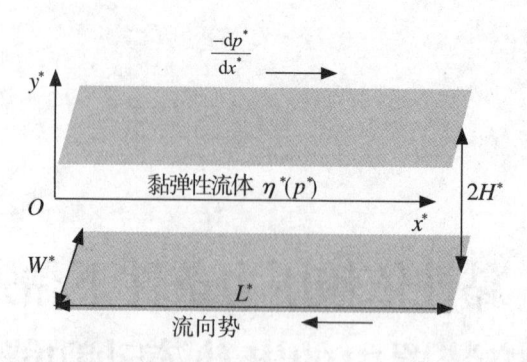

图 4.1 黏性依赖压力条件下黏弹性流体在平行板纳米通道中电动流动示意图

4.2 建立数学模型及求解问题

4.2.1 电势分布

类似的，由于双电层的存在，电荷密度 ρ_e^* 和电势 ψ^* 满足泊松方程[109, 112]：

$$\frac{d^2\psi^*}{dy^{*2}} = -\frac{\rho_e^*}{\varepsilon_0\varepsilon_r} \quad (4.1)$$

$$\rho_e^* = e_0(z_+n_+ + z_-n_-) \quad (4.2)$$

式中：ε_0 为真空介电常数；ε_r 为相对介电常数；e_0 为电子电荷。考虑轴对称的电解质溶液，如 NaCl，有 $z_+=-z_-=z_v$。电解质溶液中阳离子和阴离子的离子数浓度分别为 n_+ 和 n_-。为了获得电势分布，我们考虑如下的边界条件：

$$\psi^*(y^*)\big|_{y^*=H^*} = \psi_w^*, \quad \frac{d\psi^*}{dy^*}\bigg|_{y^*=0} = 0 \quad (4.3)$$

式中：ψ_w^* 为壁面 Zeta 势。式（4.3）中的第二个条件表示电势关于纳米通道中心线对称。假设溶液中的离子服从玻尔兹曼分布 $n_\pm = n_0 \exp\dfrac{\mp e_0 z_v \psi^*}{k_B T}$（$n_0$ 为离子数浓度），壁面 Zeta 势小于 25 m V，则可以用 Debye-Hückel 线性化近似简化上述的泊松方程[109]。因此，式（4.1）可以改写为

$$\frac{\mathrm{d}^2\psi^*}{\mathrm{d}y^{*2}} = \kappa^2\psi^* \quad (4.4)$$

式中：k_B 为玻尔兹曼常数；T 为绝对温度；κ 为 Debye-Hückel 参数，$\kappa = \sqrt{\dfrac{2n_0 z_v^2 e_0^2}{\varepsilon_0 \varepsilon_r k_B T}}$，$\dfrac{1}{\kappa}$ 表示双电层的厚度。利用边界条件[式（4.3）]，式（4.4）的解析解可以表示为

$$\psi^* = \psi_w^* \frac{\cosh(\kappa y^*)}{\cosh(\kappa H^*)} \quad (4.5)$$

因此，式（4.2）中的电荷密度是

$$\rho_e^* = -\varepsilon_0 \varepsilon_r \kappa^2 \psi_w^* \frac{\cosh(\kappa y^*)}{\cosh(\kappa H^*)} \quad (4.6)$$

4.2.2 速度和压力分布

考虑黏性依赖压力条件下黏弹性流体的电动流动，结合诱导的流向势，连续性方程和动量方程可以表示为[33, 103]

$$\nabla^* \cdot \boldsymbol{u}^* = 0 \quad (4.7)$$

$$\rho^*\left(\frac{\partial \boldsymbol{u}^*}{\partial t} + \boldsymbol{u}^* \cdot \nabla^* \boldsymbol{u}^*\right) = -\nabla p^* + \nabla \cdot \boldsymbol{\tau}^* + \rho_e^* \boldsymbol{E}_s^* \quad (4.8)$$

式中：ρ^* 是流体密度；$\boldsymbol{u}^* = (u_x^*, u_y^*)$ 是流动速度；$p^* = p^*(x^*, y^*)$ 是压力，$\boldsymbol{E}_s^* = (E_s^*, 0)$ 是诱导的流向势；$\boldsymbol{\tau}^*$ 是应力张量。对于当前的黏弹性流体，我们考虑线性的 Maxwell 流体本构方程[138, 153]，其本构关系为

$$\boldsymbol{\tau}^* + \lambda^*\left[\boldsymbol{u}^* \cdot \nabla^* \boldsymbol{\tau}^* - \boldsymbol{\tau}^* \cdot \nabla \boldsymbol{u}^* - (\nabla \boldsymbol{u}^*)^T \cdot \boldsymbol{\tau}^*\right] = \eta^*(\nabla \boldsymbol{u}^* + \nabla \boldsymbol{u}^{*T}) \quad (4.9)$$

式中：λ^* 为黏弹性流体的松弛时间。当 $\lambda^*=0$ 时，Maxwell 模型可以简化为牛顿流体模型。η^* 是黏弹性流体的黏性，假设它随压力 p^* 呈指数型变化[138]：

$$\eta^*(p^*) = \eta_0^* e^{\beta^*(p^* - p_{ref}^*)} \quad (4.10)$$

式中：η_0^* 为参考压力 p_{ref}^* 下的流体黏性；β^* 为压力黏性系数。假设流动是定常的，流体的连续性方程和动量方程简化为[138]

$$\frac{\partial u_x^*}{\partial x^*} + \frac{\partial u_y^*}{\partial y^*} = 0 \quad (4.11)$$

$$\rho^*\left(u_x^* \frac{\partial u_x^*}{\partial x^*} + u_y^* \frac{\partial u_x^*}{\partial y^*}\right) = -\frac{\partial p^*}{\partial x^*} + \frac{\partial \tau_{xx}^*}{\partial x^*} + \frac{\partial \tau_{xy}^*}{\partial y^*} + \rho_e^* E_s^* \quad (4.12)$$

$$\rho^*\left(u_x^* \frac{\partial u_y^*}{\partial x^*} + u_y^* \frac{\partial u_y^*}{\partial y^*}\right) = -\frac{\partial p^*}{\partial y^*} + \frac{\partial \tau_{yx}^*}{\partial x^*} + \frac{\partial \tau_{yy}^*}{\partial y^*} \quad (4.13)$$

式中：τ_{xy}^* 为切应力，$\tau_{xy}^* = \tau_{yx}^*$，$\tau_{xx}^*$ 和 τ_{yy}^* 为法应力。Maxwell 流体本构方程的分量形式为[138]

$$\tau_{xx}^* + \lambda^*\left(u_y^* \frac{\partial \tau_{xx}^*}{\partial y^*} + u_x^* \frac{\partial \tau_{xx}^*}{\partial y^*} - 2\tau_{xx}^* \frac{\partial u_x^*}{\partial x^*} - 2\tau_{xy}^* \frac{\partial u_x^*}{\partial y^*}\right) = 2\eta^* \frac{\partial u_x^*}{\partial x^*} \quad (4.14)$$

$$\tau_{xy}^* + \lambda^*\left(u_y^* \frac{\partial \tau_{xy}^*}{\partial y^*} + u_x^* \frac{\partial \tau_{xy}^*}{\partial x^*} - \tau_{xx}^* \frac{\partial u_y^*}{\partial x^*} - \tau_{yy}^* \frac{\partial u_x^*}{\partial y^*}\right) = \eta^*\left(\frac{\partial u_y^*}{\partial x^*} + \frac{\partial u_x^*}{\partial y^*}\right) \quad (4.15)$$

$$\tau_{yy}^* + \lambda^*\left(u_y^* \frac{\partial \tau_{yy}^*}{\partial y^*} + u_x^* \frac{\partial \tau_{yy}^*}{\partial x^*} - 2\tau_{yy}^* \frac{\partial u_y^*}{\partial y^*} - 2\tau_{xy}^* \frac{\partial u_y^*}{\partial x^*}\right) = 2\eta^* \frac{\partial u_y^*}{\partial y^*} \quad (4.16)$$

与恒定黏性的压力驱动流不同的是，这里的压力实际是一个依赖于 x^* 和 y^* 的未知函数，需要与流动速度耦合求解，以最终确定压力场和流场。假设速度 u_x^* 满足无滑移边界条件，u_y^* 满足无渗透条件。在平行板的中平面 $y^*=0$ 处满足对称边界条件。此外，在纳米通道的出口 $x^*=L^*$ 处给定参考压力 p_{ref}^* 及恒定的体积流率 Q^*。因此，式（4.11）~式（4.13）的边界条

第4章 黏性依赖压力条件下黏弹性流体在微流控装置中的电动流动和能量转换

件可表示为[138]

$$\frac{\partial u_x^*}{\partial y^*}\bigg|_{y^*=0} = u_y^*\bigg|_{y^*=0} = 0, \quad u_x^*\bigg|_{y^*=H^*} = 0, \quad u_y^*\bigg|_{y^*=H^*} = 0, \quad p^*(L^*, H^*) = p_{\text{ref}}^*,$$

$$\int_{-H^*}^{H^*} u_x^* \mathrm{d}y^* = \frac{Q^*}{W^*} \tag{4.17}$$

式中：W^* 为平行板的宽度。为了简化式（4.11）~式（4.17），引入下列无量纲变量和参数：

$$u_x = \frac{u_x^*}{U^*}, \quad x = \frac{x^*}{L^*}, \quad y = \frac{y^*}{H^*}, \quad p = \frac{p^* - p_{\text{ref}}^*}{3\eta_0^* U^* L^*/H^{*2}}, \quad \tau = \frac{\tau^*}{\eta_0^* U^*/L^*},$$

$$a = \frac{H^*}{L^*}, \quad E_s = \frac{E_s^*}{E_0}, \quad K = \kappa H^*, \quad U^* = \frac{Q^*}{2W^* H^*}, \quad \beta = \frac{3\beta^* \eta_0^* U^* L^*}{H^{*2}},$$

$$\text{Wi} = \frac{\lambda^* U^*}{L^*}, \quad u_s = \frac{\varepsilon_0 \varepsilon_r k_B T E_0}{e_0 z_v \eta_0^* U^*}, \quad \psi_w = \frac{e_0 z_v \psi_w^*}{k_B T} \tag{4.18}$$

式中：$U^* = \dfrac{Q^*}{2H^* W^*}$ 为特征速度；β 为无量纲压力黏性系数；ψ_w 为无量纲壁面 Zeta 势；τ 为无量纲应力张量；E_s 为无量纲的流向势；u_s 表示电渗速度与特征速度的比值；K 是无量纲电动宽度，即纳米通道半高度与双电层厚度的比值；a 是纳米通道的半高度与长度的比值；Wi 为 Weissenberg 数。将这些无量纲量代入式（4.11）~式（4.17），考虑到可以忽略的雷诺数 $Re = \dfrac{\rho^* U^* H^*}{\eta_0^*} \ll 1$，流体的控制方程和边界条件为

$$\eta = e^{\beta p} \tag{4.19}$$

$$\frac{\partial u_x}{\partial x} + \frac{\partial u_y}{\partial y} = 0 \tag{4.20}$$

$$0 = -3\frac{\partial p}{\partial x} + a^2 \frac{\partial \tau_{xx}}{\partial x} + a\frac{\partial \tau_{xy}}{\partial y} - u_s E_s K^2 \psi \tag{4.21}$$

$$0 = -3\frac{\partial p}{\partial y} + a^3 \frac{\partial \tau_{yx}}{\partial x} + a^2 \frac{\partial \tau_{yy}}{\partial y} \quad (4.22)$$

$$\tau_{xx} + \text{Wi}\left(u_y \frac{\partial \tau_{xx}}{\partial y} + u_x \frac{\partial \tau_{xx}}{\partial x} - 2\tau_{xx}\frac{\partial u_x}{\partial x} - \frac{2\tau_{xy}}{a}\frac{\partial u_x}{\partial y}\right) = 2\eta \frac{\partial u_x}{\partial x} \quad (4.23)$$

$$\tau_{xy} + \text{Wi}\left(u_y \frac{\partial \tau_{xy}}{\partial y} + u_x \frac{\partial \tau_{xy}}{\partial x} - a\tau_{xx}\frac{\partial u_y}{\partial x} - \frac{\tau_{yy}}{a}\frac{\partial u_x}{\partial y}\right) = \eta\left(a\frac{\partial u_y}{\partial x} + \frac{1}{a}\frac{\partial u_x}{\partial y}\right) \quad (4.24)$$

$$\tau_{yy} + \text{Wi}\left(u_y \frac{\partial \tau_{yy}}{\partial y} + u_x \frac{\partial \tau_{yy}}{\partial x} - 2\tau_{yy}\frac{\partial u_y}{\partial y} - 2a\tau_{xy}\frac{\partial u_y}{\partial x}\right) = 2\eta \frac{\partial u_y}{\partial y} \quad (4.25)$$

$$\frac{\partial u_x}{\partial y}\Big|_{y=0} = u_y\Big|_{y=0} = 0, \quad u_x\Big|_{y=1} = 0, \quad u_y\Big|_{y=1} = 0, \quad p(1,1) = 0, \quad \int_0^1 u_x dy = 1 \quad (4.26)$$

上述控制式（4.19）～式（4.25）是耦合的非线性偏微分方程组，即使在许多合理的假设下，我们仍然很难获得精确的解析解，因此，我们将用摄动法求上述方程的渐近解。根据第3章，我们知道无量纲压力黏性系数实际可以看作一个小参数，我们可以将所有相关的变量用 β 渐近展开，即

$$X = \sum_{i=0}^{2} \beta^i X_i \quad (4.27)$$

式中：$X=p$，η，τ_{xy}，τ_{xx}，τ_{yy}，u_x，u_y，将这些级数展开式代入式（4.19）～式（4.26），就可以得到关于 β 的零阶、一阶和二阶方程。

4.2.2.1 零阶解

假定 $u_{y_0}=0$，我们得到零阶控制方程及边界条件：

$$\frac{\partial u_{x_0}}{\partial x} = 0 \quad (4.28)$$

$$0 = -3\frac{\partial p_0}{\partial x} + a\frac{\partial \tau_{xy_0}}{\partial y} - u_s E_s K^2 \psi_w \frac{\cosh(Ky)}{\cosh(K)} \quad (4.29)$$

$$0 = -3\frac{\partial p_0}{\partial y} \quad (4.30)$$

$$\tau_{xx_0} - \text{Wi}\frac{2\tau_{xy_0}}{a}\frac{\partial u_{x_0}}{\partial y} = 0 \qquad (4.31)$$

$$\tau_{xy_0} = \frac{1}{a}\frac{\partial u_{x_0}}{\partial y} \qquad (4.32)$$

$$\frac{\partial u_{x_0}}{\partial y}\bigg|_{y=0} = 0 \quad u_{x_0}\big|_{y=1} = 0 \quad p_0(1,1) = 0 \quad \int_0^1 u_{x_0}\,\mathrm{d}y = 1 \qquad (4.33)$$

根据式（4.29），p_0 与 y 无关，因此 p_0 仅是 x 的函数。将式（4.32）代入式（4.29），并且积分 2 次，我们得到零阶速度和压力：

$$u_{x_0} = \frac{A_0}{2}(1-y^2) + u_s E_s \psi_w \left[\frac{\cosh(Ky)}{\cosh(K)} - 1\right] \qquad (4.34)$$

$$p_0 = \frac{A_0}{3}(1-x) \qquad (4.35)$$

式中：常数 A_0 为

$$A_0 = 3 + 3u_s E_s \psi_w \left(1 - \frac{\tanh K}{K}\right) \qquad (4.36)$$

4.2.2.2 一阶解

根据得到的零阶解，我们可以获得简化后的一阶连续性方程，控制方程，本构方程和边界条件：

$$\frac{\partial u_{x_1}}{\partial x} + \frac{\partial u_{y_1}}{\partial y} = 0 \qquad (4.37)$$

$$0 = -3\frac{\partial p_1}{\partial x} + a^2\frac{\partial \tau_{xx_1}}{\partial x} + a\frac{\partial \tau_{xy_1}}{\partial y} \qquad (4.38)$$

$$0 = -3\frac{\partial p_1}{\partial y} + a^3\frac{\partial \tau_{xy_1}}{\partial x} + a^2\frac{\partial \tau_{yy_1}}{\partial y} \qquad (4.39)$$

$$\tau_{xx_1} + \text{Wi}\left(u_{y_1}\frac{\partial \tau_{xx_0}}{\partial y} + u_{x_0}\frac{\partial \tau_{xx_1}}{\partial x} - 2\tau_{xx_0}\frac{\partial u_{x_1}}{\partial x} - \frac{2\tau_{xy_0}}{a}\frac{\partial u_{y_1}}{\partial y} - \frac{2\tau_{xy_1}}{a}\frac{\partial u_{x_0}}{\partial y}\right) = 2\eta_0\frac{\partial u_{x_1}}{\partial x}$$

$$(4.40)$$

$$\tau_{xy_1} + \text{Wi}\left(u_{y_1}\frac{\partial \tau_{xy_0}}{\partial y} + u_{x_0}\frac{\partial \tau_{xy_1}}{\partial x} - a\tau_{xx_0}\frac{\partial u_{y_1}}{\partial x} - \frac{\tau_{yy_1}}{a}\frac{\partial u_{x_0}}{\partial y}\right) = \eta_0\left(a\frac{\partial u_{y_1}}{\partial x} + \frac{1}{a}\frac{\partial u_{x_1}}{\partial y}\right) + \eta_1\frac{1}{a}\frac{\partial u_{x_0}}{\partial y}$$
(4.41)

$$\tau_{yy_1} + \text{Wi}\left(u_{x_0}\frac{\partial \tau_{yy_1}}{\partial x} - 2a\tau_{xy_1}\frac{\partial u_{y_1}}{\partial x}\right) = 2\eta_0\frac{\partial u_{y_1}}{\partial y}$$
(4.42)

$$\frac{\partial u_{x_1}}{\partial y}\Big|_{y=0} = u_{y_1}\big|_{y=0} = 0, \quad u_{x_1}\big|_{y=1} = 0, \quad u_{y_1}\big|_{y=1} = 0, \quad p_1(1,1) = 0, \quad \int_0^1 u_{x_1}\,\mathrm{d}y = 0$$
(4.43)

假设 u_{y_1} 是 y 的函数，式（4.37）~式（4.43）可以联立求解，我们得到相应的的一阶解：

$$u_{x_1} = \frac{1}{72K^3}\begin{pmatrix}\frac{A_0}{5K}(A_0^2K^4(5y^4-6y^2+1)\text{Wi} - 60u_sE_s\psi_wK^2(A_0\text{Wi}(9y^2-5)\\ +K^2(3y^2-1)(x-1)) + 30u_sE_s\psi_w\text{sech}^2(K)(K\sinh(2K)(K^2(3y^2(A_0\text{Wi}\\ -21u_sE_s\psi_w\text{Wi} + x-1) - A_0\text{Wi} + 27u_sE_s\psi_w\text{Wi} - 3x + 3) + 3\text{Wi}(3A_0(y^2-1)\\ +20u_sE_s\psi_w(5-6y^2))) + 2\text{Wi}(K^2y\sinh(Ky)(K\cosh(K)(u_sE_s\psi_w(K^2(y^2-1)\\ +36) - 2A_0) - u_sE_s\psi_w(K^2(y^2-3) + 36)\sinh(K))) + u_sE_s\psi_w(K^2(K^2-18)(3y^2-1)\\ -180(y^2-1)))) + 120u_s^2E_s^2\psi_w^2\text{Wi}(-K^4-69K^2+3y^2(K^4+39K^2+30)-90))\\ +12A_0u_sE_s\psi_w\,\text{sech}(K)\cosh(Ky)(4\text{Wi}K(A_0-15u_sE_s\psi_w) + K^3(3u_sE_s\psi_w\text{Wi}(1-3y^2)\\ +2(x-1)) + 3u_sE_s\psi_w\text{Wi}(3K^2(y^2-1)+20)\tanh(K))\end{pmatrix}$$
(4.44)

$$u_{y_1} = \frac{A_0}{6K}u_sE_s\psi_w[Ky(y^2-1) - y(y^2-3)\tanh(K) - 2\,\text{sech}(K)\sinh(Ky)]$$
(4.45)

$$\begin{aligned}p_1 = &\frac{1}{90K^4}A_0(5A_0K^2(K^2(a^2(y^2-1)+(x-1)(6u_sE_s\psi_w\text{Wi}+x-1))\\&-18u_sE_s\psi_w\text{Wi}(x-1))+5u_sE_s\psi_w(-3K\tanh(K)(K^2(a^2(y^2-1)\\&+(x-1)(40u_sE_s\psi_w\text{Wi}-x+1))-6\text{Wi}(x-1)(A_0-40u_sE_s\psi_w))\\&-4a^2K^4\text{sech}(K)\cosh(Ky)-2u_sE_s\psi_w\text{Wi}(K^6-3K^4+54K^2\\&+180)(x-1)\text{sech}^2(K))+5u_sE_s\psi_w(K^4(a^2(3y^2+1)\\&+3(x-1)(2u_sE_s\psi_w\text{Wi}-x+1))+468u_sE_s\psi_w\text{Wi}K^2(x-1)\\&+360u_sE_s\psi_w\text{Wi}(x-1))-6A_0^2K^4\text{Wi}(x-1))\end{aligned}$$

（4.46）

4.2.2.3 二阶解

类似的，根据上述获得的零阶解和一阶解，可以得到二阶的流体黏性、连续性方程、动量方程、本构方程和边界条件的表达式：

$$\eta_2 = p_1 + \frac{p_0^2}{2} \tag{4.47}$$

$$\frac{\partial u_{x_2}}{\partial x} + \frac{\partial u_{y_2}}{\partial y} = 0 \tag{4.48}$$

$$0 = -3\frac{\partial p_2}{\partial x} + a^2\frac{\partial \tau_{xx_2}}{\partial x} + a\frac{\partial \tau_{xy_2}}{\partial y} \tag{4.49}$$

$$0 = -3\frac{\partial p_2}{\partial y} + a^2\frac{\partial \tau_{xx_2}}{\partial x} + a\frac{\partial \tau_{xy_2}}{\partial y} \tag{4.50}$$

$$\begin{aligned}\tau_{xx_2} + \text{Wi}\bigg(&u_{y_1}\frac{\partial \tau_{xx_1}}{\partial y}+u_{y_2}\frac{\partial \tau_{xx_0}}{\partial y}+u_{x_0}\frac{\partial \tau_{xx_2}}{\partial x}+u_{x_2}\frac{\partial \tau_{xx_0}}{\partial x}-2\tau_{xx_0}\frac{\partial u_{x_2}}{\partial x}-2\tau_{xx_1}\frac{\partial u_{x_1}}{\partial x}\\&-\frac{2\tau_{xy_0}}{a}\frac{\partial u_{x_2}}{\partial y}-\frac{2\tau_{xy_1}}{a}\frac{\partial u_{x_1}}{\partial y}-\frac{2\tau_{xy_2}}{a}\frac{\partial u_{x_0}}{\partial y}\bigg)=2\eta_0\frac{\partial u_{x_2}}{\partial x}+2\eta_1\frac{\partial u_{x_1}}{\partial x}\end{aligned} \tag{4.51}$$

$$\begin{aligned}\tau_{xy_2} + \text{Wi}\bigg(&u_{y_1}\frac{\partial \tau_{xy_1}}{\partial y}+u_{y_2}\frac{\partial \tau_{xy_0}}{\partial y}+u_{x_0}\frac{\partial \tau_{xy_2}}{\partial x}+u_{x_1}\frac{\partial \tau_{xy_1}}{\partial x}-a\tau_{xx_2}\frac{\partial u_{y_2}}{\partial x}-\frac{\tau_{yy_1}}{a}\frac{\partial u_{x_1}}{\partial y}-\frac{\tau_{yy_2}}{a}\frac{\partial u_{x_0}}{\partial y}\bigg)\\&=\eta_0\bigg(\frac{1}{a}\frac{\partial u_{x_2}}{\partial y}+a\frac{\partial u_{y_2}}{\partial x}\bigg)+\eta_1\frac{1}{a}\frac{\partial u_{x_1}}{\partial y}+\eta_2\frac{1}{a}\frac{\partial u_{x_0}}{\partial y}\end{aligned} \tag{4.52}$$

$$\tau_{yy_2} + \mathrm{Wi}\left(u_{y_1}\frac{\partial \tau_{yy_1}}{\partial y} + u_{x_0}\frac{\partial \tau_{yy_2}}{\partial x} - 2\tau_{yy_1}\frac{\partial u_{y_1}}{\partial y}\right) = 2\eta_0 \frac{\partial u_{y_2}}{\partial y} + 2\eta_1 \frac{\partial u_{y_1}}{\partial y} \quad (4.53)$$

$$\frac{\partial u_{x_2}}{\partial y}\bigg|_{y=0} = 0, \quad u_{y_2}\big|_{y=0} = 0, \quad u_{x_2}\big|_{y=1} = 0, \quad u_{y_2}\big|_{y=1} = 0, \quad p_2(1,1) = 0, \quad \int_0^1 u_{x_2}\,\mathrm{d}y = 0 \quad (4.54)$$

这里二阶解可以通过"Mathematica"软件获得，由于表达式过于复杂，详细的二阶解表达式在参考文献［145］中给出。目前已经得到了黏弹性流体的电动流动速度和压力的渐近解。

4.2.3 流向势分布

上述速度场和压力场中出现的流向势 E_s 是未知的，可通过电中性条件来确定。当流动达到稳定状态时，净离子电流 I^*（单位宽度）为零[109]，即

$$I^* = I_s^* + I_c^* = 0 \quad (4.55)$$

式中：I_s^* 和 I_c^* 是流向电流和电导流[101]，表达式如下：

$$I_s^* = \int_0^{L^*}\int_{-H^*}^{H^*} e_0 z_v (n_+ - n_-) u_x^* \,\mathrm{d}y^* \mathrm{d}x^* \quad (4.56)$$

$$I_c^* = \int_0^{L^*}\int_{-H^*}^{H^*} e_0 z_v (n_+ + n_-) \frac{e_0 z_v E_s^*}{f} \,\mathrm{d}y^* \mathrm{d}x^* \quad (4.57)$$

式中：f 是离子摩擦系数[109]。根据玻尔兹曼分布 $n_\pm = n_0 \exp\left[\dfrac{\mp(e_0 z_v \psi^*)}{k_B T}\right] \approx n_0\left[\dfrac{1 \mp (e_0 z_v \psi^*)}{k_B T}\right]$ 及相应的无量纲量，式（4.55）可简化为

$$\int_0^1 \int_{-1}^1 \psi u_x \,\mathrm{d}y\mathrm{d}x = 2Mu_s E_s \quad (4.58)$$

式中：$M = \dfrac{e_0^2 z_v^2 \eta^{0*}}{k_B f \varepsilon_0 \varepsilon_r}$ 是无量纲离子摩擦系数[109]。利用 u_{x_0}，u_{x_1} 以及 u_{x_2} 的表达式，将速度 u_x 和电势 ψ 代入式（4.58），我们得到流向势 E_s 满足如下的

三次方程：

$$T_0 E_s^3 + T_1 E_s^2 + T_2 E_s + T_3 = 0 \quad (4.59)$$

式中：T_0，T_1，T_2 和 T_3 的表达式见参考文献[145]。根据式（4.59），我们能够得到无量纲流向势的解析表达式：

$$E_s = \sqrt[3]{-\frac{q_1}{2} + \sqrt{\frac{q_1^2}{4} + \frac{p_1^3}{27}}} + \sqrt[3]{-\frac{q_1}{2} - \sqrt{\frac{q_1^2}{4} + \frac{p_1^3}{27}}} - \frac{T_1}{3T_0} \quad (4.60)$$

$$p_1 = \frac{3T_0 T_2 - T_1^2}{3T_0^2}, \quad q_1 = \frac{27T_0^2 T_3 - 9T_0 T_1 T_2 + 2T_1^3}{27T_0^3} \quad (4.61)$$

4.2.4 电动能量转换效率

由于双电层的存在，微纳米电动流动的装置可以实现机械能向电能的转化。外部负载所需的电能主要来自流向电流。类似的，在黏性依赖压力条件下，我们可以计算目前电动能量转换器的能量转换效率。电动能量转换效率定义为输出功率与输入功率的比值[101]：

$$\xi = \frac{P_{\text{out}}^*}{P_{\text{in}}^*} \quad (4.62)$$

式中：P_{in}^* 和 P_{out}^* 为输入和输出功率[109]，表达式如下：

$$P_{\text{in}} = \left| \left(-\frac{\mathrm{d}p^*}{\mathrm{d}x^*} \right)_m Q_{\text{in}}^* \right|, \quad P_{\text{out}} = \frac{|I_s^* E_s^*|}{4} \quad (4.63)$$

式中：$\left(-\frac{\mathrm{d}p^*}{\mathrm{d}x^*} \right)_m$ 表示不考虑流向势 E_s^* 的平均压力梯度，数学表达式为

$$\left(-\frac{\mathrm{d}p^*}{\mathrm{d}x^*} \right)_m = \frac{1}{H^* L^*} \int_0^{H^*} \int_0^{L^*} -\frac{\mathrm{d}p^*}{\mathrm{d}x^*} \bigg|_{E_s^* = 0} \mathrm{d}x^* \mathrm{d}y^* \quad (4.64)$$

式中：忽略流向势的无量纲压力 p 可表示为

$$p|_{E_s=0} = (1-x) + \frac{1}{2}\beta(1-x)^2 + \frac{9}{5}\text{Wi}\beta(1-x) - \frac{1}{2}a^2\beta(1-y^2)$$
$$+ \frac{\beta^2}{20}a^2\{-33\text{Wi} - 15y^4\text{Wi} - 4y^2[-12\text{Wi} + 5(-1+x)] + 8(-1+x)\}$$
$$- \frac{(-1+x)}{1\,050}[9\,216\text{Wi}^2 - 2\,835\text{Wi}(-1+x) + 350(-1+x)^2]$$
（4.65）

需要指出的是，目前忽略流向势的无量纲压力 $p|_{E_s=0}$ 的渐近解与 Housiadas[138] 在松弛系数 $\omega=0$ 下的结果一致。

输入的体积流量 Q_{in}^* 为纯压力驱动下流体的体积流量，可记为

$$Q_{\text{in}}^* = \int_0^{L^*}\int_{-H^*}^{H^*} u_p^* \text{d}y^* \text{d}x^* \qquad (4.66)$$

式中：u_p^* 为不考虑流向势（$E_s=0$）的纯压力驱动的速度，且无量纲速度 u_p 可表示为

$$u_p = \frac{3}{2}(1-y^2) + \frac{3}{40}\text{Wi}\beta(5y^2-1)(y^2-1) - \frac{\beta^2}{2\,800}(-70a^2(-1+5y^2)$$
$$+ 3\text{Wi}(38\text{Wi} + 1\,190y^4\text{Wi} - 70y^2(10\text{Wi} - 5(-1+x)) - 70(-1+x)))$$
（4.67）

式中：式（4.67）与 Housiadas 在松弛系数 $\omega=0$ 下的结果一致[138]。经过无量纲变换和代数计算，最终的电动能量转换效率为

$$\xi = \frac{1\,050 u_s^2 E_s^2 K^2 M}{12[1\,050 + 105\beta(18\text{Wi}+5) - \beta^2(-350 + 70a^2 - 2\,835\text{Wi} - 9\,216\text{Wi}^2)]}$$
（4.68）

4.3 结果与讨论

4.3.1 结果验证

在上一节中，我们已经得到黏性依赖压力条件下黏弹性流体的流动速度、压力、流向势和电动能量转换效率的渐近解。为了验证结果的正确性，将目前所得到的渐近解与 Housiadas[153] 的精确解进行比较。值得一提的是，Housiadas[153] 给出了不考虑电动力学效应时黏弹性流体的精确解。图 4.2 给出了速度和压力的对比结果。

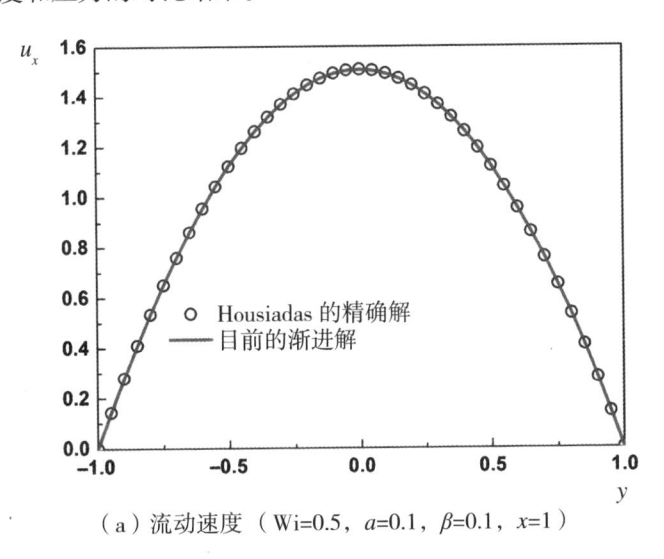

(a) 流动速度（$Wi=0.5$，$a=0.1$，$\beta=0.1$，$x=1$）

图 4.2　目前的渐近解与 Housiadas[153] 的精确解的比较

(b) 压力（Wi=0, a=0.1, β=0.1, y=0）

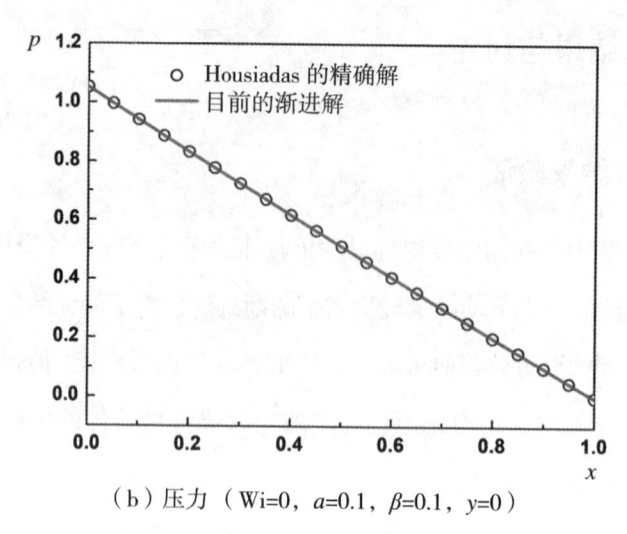

图 4.2 目前的渐近解与 Housiadas[153] 的精确解的比较（续图）

4.3.2 结果讨论

在上一节中，已经推导出了黏性依赖下黏弹性流体在平行板纳米通道中的流向势、速度、压力和电动能量转换效率的渐近解。为了研究黏弹性流体的流动行为，需要给出一些基本参数：$\eta_0^* \sim 0.93 \times 10^{-3}$ kg/(m·s)，流体密度 $\rho^* \sim 1 \times 10^3$ kg/m³，松弛时间 $\lambda \sim 1 \times (10^{-4} \sim 10^{-1})$；纳米通道高度为 100 nm，长度为 1 ~ 10 μm，壁面 Zeta 势为 −25 mV。经过计算，纳米通道的几何比为 0.01，无量纲壁面 Zeta 势 $\psi_w = -1$，无量纲电动宽度 K 为 1 ~ 15，Wi 为 0 ~ 100 和无量纲压力黏性系数 β 为 0 ~ 0.5。此外，电渗速度与参考速度的比值 u_s 为 0.1，无量纲离子摩擦系数 M 为 0.3[109]。

图 4.3（a）描述了不同压力黏性系数下流向势随 Weissenberg 数的变化。可以看出，流向势的值随 Weissenberg 数的增加而减小。图 4.3（a）的另一个重要特征是存在一个交叉点，它利用 Weissenberg 数把变化区域分割成两个部分。从图 4.3（a）中可以看出，在区域 I 中，随着压力黏

性系数的增大，流向势的值逐渐增大。相反，在区域Ⅱ中，流向势随压力黏性系数的变化呈减小趋势。此外，当无量纲电动宽度 K 改变时，这个交叉点也会发生偏移。在图 4.3（b）中，我们给出了关于这个交点的 Weissenberg 数随无量纲电动宽度 K 的变化。图 4.3（b）中的星点表示图 4.3（a）中交叉点对应的参数值。我们可以利用这种交叉点的变化来选择合适的物理参数。例如，当无量纲电动宽度 K 固定为 8 时，可以得到相应的 Weissenberg 数（Wi=0.421 2）。如图 4.3（a）所示，在给定的流动模型中，如果需要获得较大的流向势，则可以在区域Ⅱ（Wi>0.421 2）中选择较大的 Weissenberg 数和较小的压力黏性系数。从图 4.3（b）中也可以看出，随着无量纲电动宽度的增大，Weissenberg 数的变化首先呈现出增大的趋势。然后随着无量纲电动宽度 K 的进一步增大，Weissenberg 数的变化呈现出减小的趋势。这意味着交叉点最初向 Weissenberg 数增加的方向移动。当 Weissenberg 数达到最大值时，交叉点向 Weissenberg 数减小的方向移动。

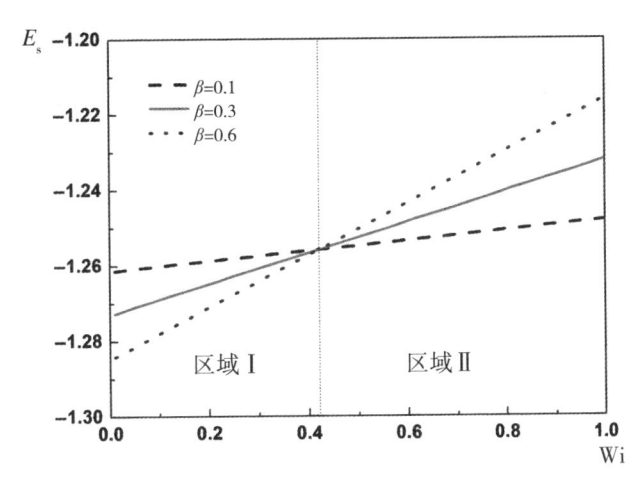

（a）不同压力黏性系数下流向势随 Weissenberg 数的变化（K=8）

图 4.3　流向势随 Weissenberg 数和压力黏性系数的变化

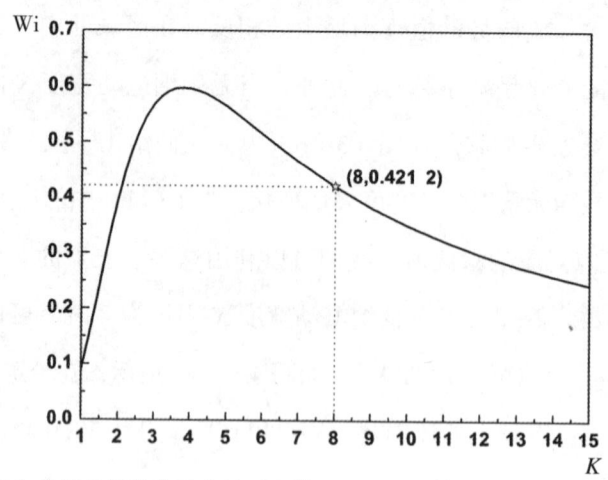

(b）在流向势的交叉点处，参数 Weissenberg 数随参数 K 的变化

图 4.3　流向势随 Weissenberg 数和压力黏性系数的变化（续图）

图 4.4 展示了在不同 Weissenberg 数条件下流向势随压力黏性系数的变化的特性。当 Weissenberg 数固定在 0.421 2 时，流向势的值保持不变，这个值就是图 4.3（a）所示的交叉点。具体而言，当 Weissenberg 数小于 0.421 2 时，流向势的值随压力黏性系数的增大而增大；当 Weissenberg 数超过 0.421 2 时，流向势的值随压力黏性系数的增大而减小。这种现象是由黏性依赖压力效应和黏弹性效应共同引起的。流向势的产生完全依赖于压力梯度。已有实验证实压力梯度增加会导致流向势的值增大[101]。但随着黏弹性效应的增加，即 Weissenberg 数的增加，流向势的值逐渐减小，如图 4.3（a）所示。这种相反的变化趋势可以导致一种平衡，并确定交叉点的 Weissenberg 数。当 Weissenberg 数较小时，黏弹性效应较弱；随着压力黏性系数的增大，压力逐渐增大。在这种情况下，流向势的大小主要受压力梯度的影响，并呈增大趋势。此外，随着 Weissenberg 数的进一步增大，黏弹性效应的作用比黏性依赖压力效应更显著，导致流向势的值减小。为了更详细地呈现流向势与 Weissenberg 数、压力黏性系数和无量纲电动宽

度之间的依赖关系，图 4.5 构建了三维参数空间的可视化表达。

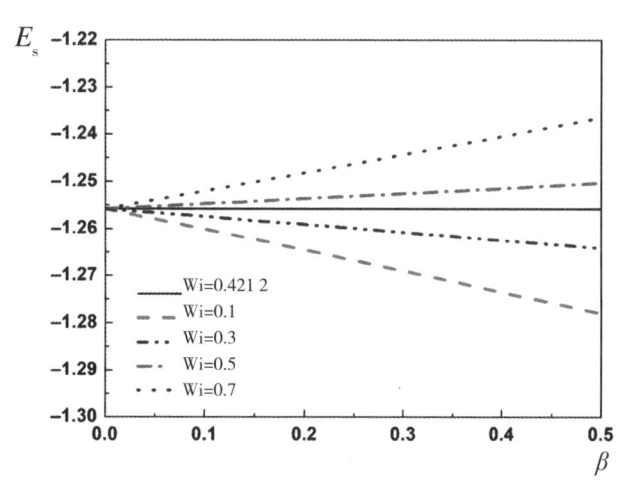

图 4.4　不同 Weissenberg 数条件下流向势随压力黏性系数的变化（$K=8$）

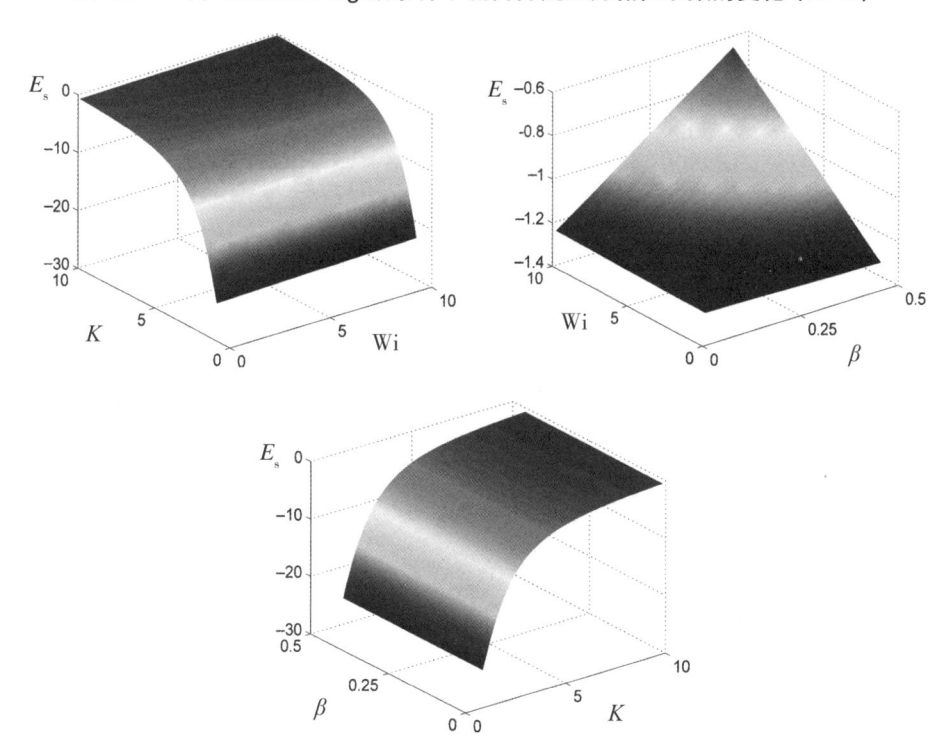

图 4.5　流向势随无量纲电动宽度、Weissenberg 数以及压力黏性系数变化的三维图

图 4.6 描绘了不同的 Weissenberg 数下壁面电势对流向势的影响。很容易看出，流向势的值随 Weissenberg 数的增加而减小。当壁面电势固定的时候，这种变化趋势与图 4.3、图 4.4 给出的结果一致。此外，流向势的值随着壁面电势的增加而增加，也就是说壁面电势可以进一步增强流向势。事实上，高壁面电势和低壁面电势都可以提高流向势。图 4.7 给出了流向势随壁面电势和 Weissenberg 数变化的三维图。

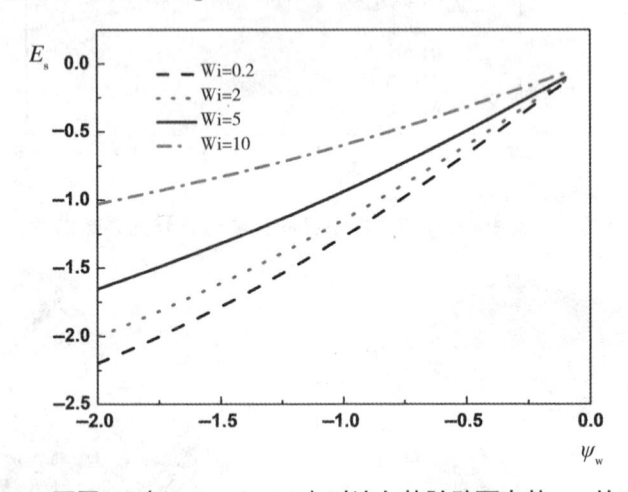

图 4.6 不同 Wi（K=8，β=0.5）时流向势随壁面电势 ψ_w 的变化

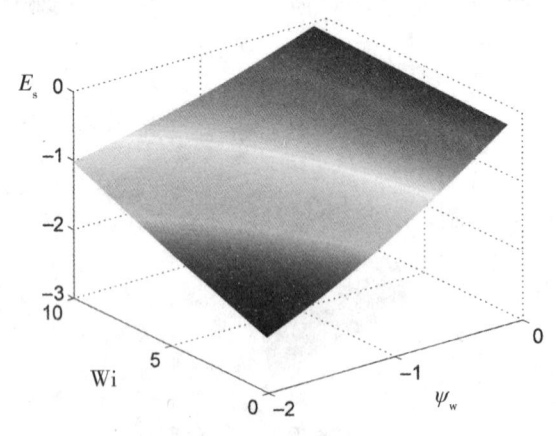

图 4.7 流向势随 Weissenberg 数和壁面电势变化的三维图

图 4.8（a）展示了在不同 Weissenberg 数条件下轴向的流动速度 u_x 随

y 的分布。可以很容易地看出,随着 Weissenberg 数的增加,速度剖面由简单的抛物线型转变为非抛物线型。根据一阶速度和二阶速度的表达式,非抛物型速度剖面主要是黏性依赖压力效应和黏弹性效应的共同作用。因此,为了更清楚地了解 Weissenberg 数对流动速度的影响,速度偏差 $\Delta u_x = u_x - u_{x_0}$ 的变化如图 4.8(b)所示。当 Weissenberg 数较小时(如 Wi<1),由于黏弹性效应和黏性依赖压力效应较弱,使得速度偏差的变化不太明显。当 Weissenberg 数较大时,速度偏差变大,剖面变化非常明显。在靠近通道壁面处,速度偏差的值为负;在靠近纳米通道中心处,速度偏差的值为正。这可以用纳米通道中给定的体积流量的边界条件来解释。

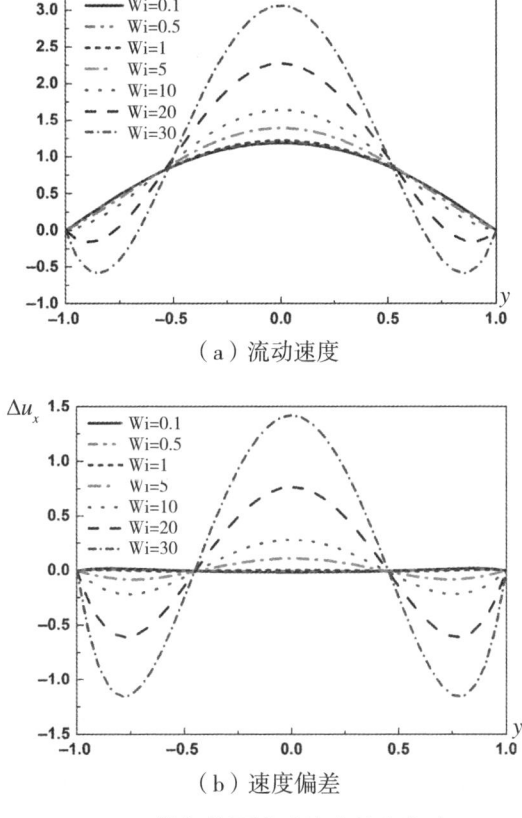

(a)流动速度

(b)速度偏差

图 4.8 不同 Weissenberg 数条件下流动速度的变化($K=8$, $\beta=0.1$, $x=0$)

此外，不同的 Weissenberg 数条件下流向势对速度偏差的影响如图 4.9 所示。图 4.9（a）为 Weissenberg 数较大时速度偏差的变化。可以看出，在不考虑流向势的情况下，速度偏差的值更大。这种现象可以利用电黏性效应解释。事实上，当压力梯度驱动电解质溶液时，双电层中的离子会随着流体向流动方向移动，电荷在通道下游积累，形成与流动方向相反的流向势。流向势的存在是造成流动受阻的主要原因，这种阻滞是电黏性效应。因此，如图 4.9（a）所示，在流向势存在的情况下，流动速度减小。值得注意的是，当 Weissenberg 数较大时，流向势对速度剖面的形状几乎没有影响。因此，当 Weissenberg 数较大时，速度的大小受到影响，但速度剖面没有破坏。但当 Weissenberg 数较小时，由于流速受电黏性效应和黏弹性效应的影响，速度分布变得复杂。如图 4.9（b）所示，当考虑流向势效应时，可以观察到波浪形的速度分布，这意味着电黏性效应可以改变黏弹性流体的速度剖面。当忽略流向势时，可以得到与 Weissenberg 数较大时相似的速度剖面，Housiadas[138]也讨论过这种类似的剖面。总的来说，图 4.9 也表明较大的 Weissenberg 数可以抑制波浪形速度剖面的产生。

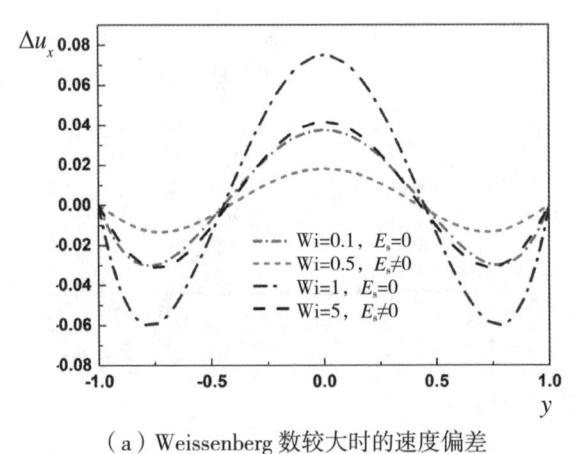

（a）Weissenberg 数较大时的速度偏差

图 4.9 速度偏差的变化（β=0.1，K=8，x=0）

（b）Weissenberg 数较小时的速度偏差

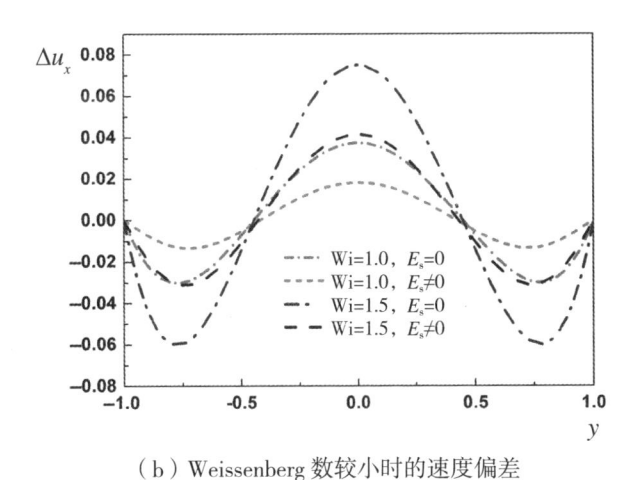

图 4.9 速度偏差的变化（β=0.1，K=8，x=0）（续图）

压力随无量纲轴向距离 x 的变化如图 4.10 所示。可以看出，从纳米通道入口到出口，压力逐渐减小。随着 Weissenberg 数的增加，压力几乎处处增大。根据式（4.35），压力的零阶解与压力黏性系数和 Weissenberg 数无关。也就是说，它只受双电层的影响。当无量纲电动宽度 K 给定时，零阶压力保持恒定。那么，如图 4.10（a）所示，压力随 Weissenberg 数的变化趋势完全依赖于一阶和二阶解。Weissenberg 数对压力偏差的影响如图 4.10（b）所示：从入口到出口均呈下降趋势，当 Weissenberg 数较小时，得到了非线性的压力偏差分布；随着 Weissenberg 数的增加，非线性特征逐渐减弱。另外，压力变化强烈地依赖 Weissenberg 数，Weissenberg 数越大，导致入口处压力越大。

(a) 总压力

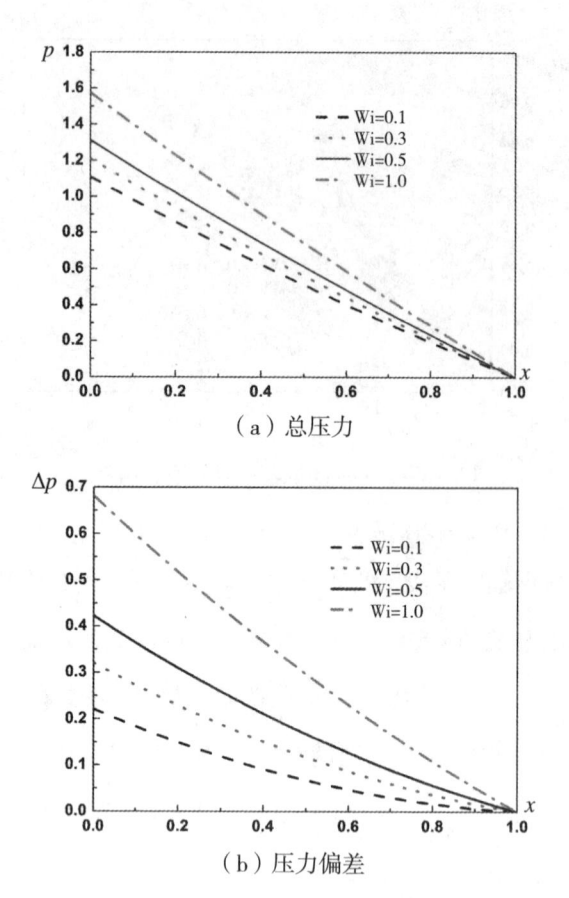

(b) 压力偏差

图 4.10 不同的 Weissenberg 数条件下压力随无量纲轴向距离 x 的变化
(K=8，β=0.1，y=0)

如图 4.11（a）所示，平均压力随无量纲电动宽度的变化呈现出先增加后减小的趋势。这意味着当无量纲电动宽度较小时，驱动流体所需要的平均压力较小。在这种情况下，小的平均压力可以保持恒定的体积流量。然而，随着无量纲电动宽度的增加，会导致对平均压力的需求先增大后减小。在不同的 Weissenberg 数下，平均压力在无量纲电动宽度 K=1.6 时能够达到最大值。图 4.11（b）反映了 Weissenberg 数和压力黏性系数对平均压力的影响，可以看出平均压力随着 Weissenberg 数或压力黏性系数的增大而增大。

第4章　黏性依赖压力条件下黏弹性流体在微流控装置中的电动流动和能量转换

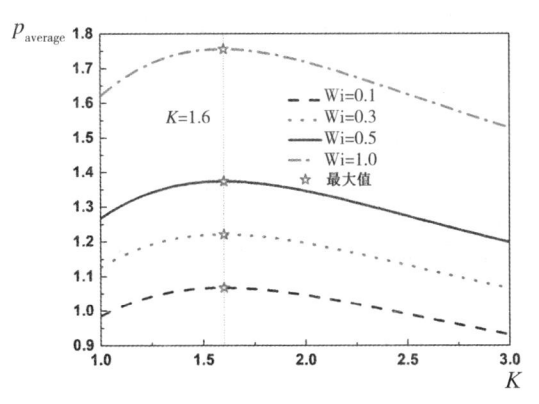

（a）随无量纲电动宽度 K 的变化（$\beta=0.5$）

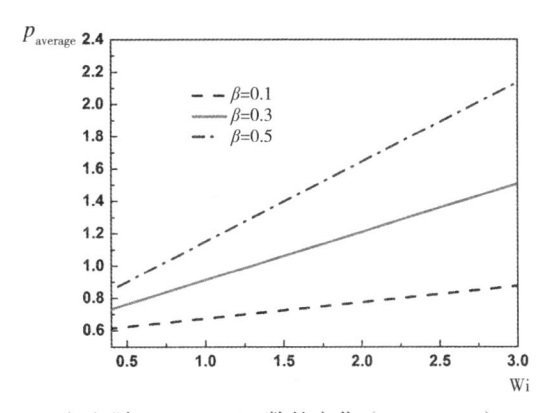

（b）随 Weissenberg 数的变化（$y=0$，$K=8$）

图 4.11　平均压力

我们已经讨论了黏性依赖压力条件下黏弹性流体的电动流动，包括流向势、速度和压力。现在，我们来讨论黏性依赖压力条件下黏弹性流体的能量转换。图 4.12 描述了电动能量转换效率的变化。从图 4.12（a）中可以看出，电动能量转换效率随无量纲电动宽度呈现先增大后减小的趋势。因此，可以通过确定不同的压力黏性系数条件下的最佳无量纲电动宽度（$K=1.6$），获得最大的电动能量转换效率。从图 4.12（a）中还可以看出，随着压力黏性系数的增大，电动能量转换效率呈下降趋势。造成这个现象的原因可能是随着流体黏性的增加，流体流动受阻，导致电动能量转换效率降低。根据方程（4.62），电动能量转换效率定义为输出功率与输入功率的比值。当输入功率的增加大于输出功率的增加时，能量转换效率也会下降。此外，从图4.12（b）中可以看出，电动能量转换效率随着Weissenberg数的增加而降低，这可能是由于黏弹性效应的增加。这说明弱的黏弹性流体能导致较大的能量转换效率。此外，电动能量转换效率随Weissenberg数和电动宽度的三维曲线如图4.13所示。

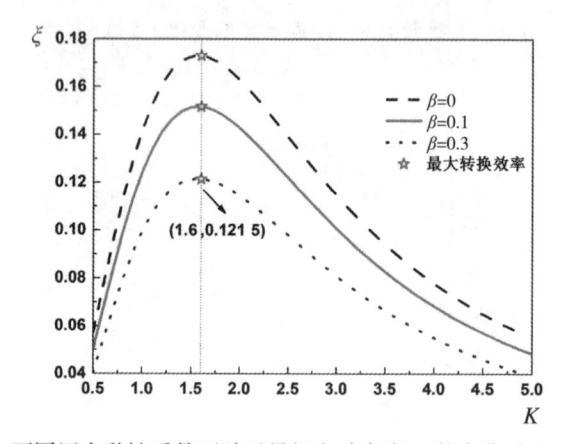

（a）不同压力黏性系数下随无量纲电动宽度 K 的变化（Wi=0.5）

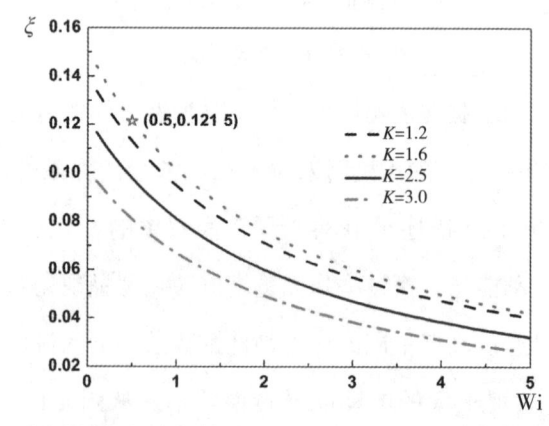

（b）不同无量纲电动宽度 K 下随 Weissenberg 数的变化（β=0.3）

图4.12 电动能量转换效率

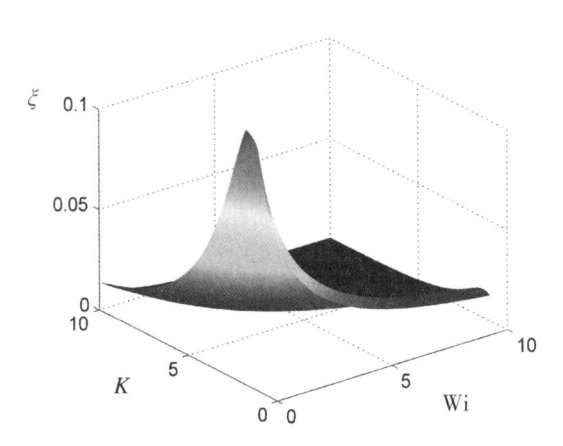

图 4.13 电动能量转换效率与 Weissenberg 数和无量纲电动宽度的三维关系图

4.4 本章小结

在本章中，我们理论研究了黏性依赖压力条件下黏弹性流体在纳米通道中的电动流动和能量转换效率。

首先，在流动控制方程的基础上，本章用摄动法获得了流动速度、压力、流向势和能量转换效率的渐近解。结果表明，流向势的值随 Weissenberg 数的增加而减小。另外，随着 Weissenberg 数的增大，流向势随压力黏性系数的变化呈相反趋势。具体来说，当 Weissenberg 数小于临界值时，流向势随压力黏性系数的变化呈增加趋势。相反，我们可以得到一个减小的趋势。在给定其他参数的情况下，可以确定 Weissenberg 数的临界值。该临界值可以帮助我们选择合适的黏弹性流体，从而获得较高的流向势。

其次，通过对流向势存在和不存在两种情况的比较，本章讨论了流动速度的变化。结果表明，当考虑流向势时，黏弹性流体的速度偏差会变得更加复杂，可以观察到波浪形速度剖面。但随着 Weissenberg 数的增加，这种波状速度会受到抑制。并且，随着 Weissenberg 数和压力黏性系数的增大，平均压力也随之增大。由于流向势的存在，平均压力可以进一步增强。此外，还可以获得一个最佳的无量纲电动宽度，得到最大平均压力。

最后，本章讨论了作为电动流动的一个重要应用——电动能量转换效率。结果表明，电动能量转换效率随压力黏性系数的增大而减小。在经典的电动能量转换系统中，是否需要考虑黏性依赖压力效应，这都可以在今后的工作中进一步研究。除了能量转换的问题，在黏性依赖压力条件下了解黏弹性流体在微流控装置中的电动输运也是本章研究的目标。

第 5 章　黏性和松弛时间依赖压力条件下黏弹性流体在微流控装置中的电动流动和能量转换

5.1　提出问题

在上一章的基础上，本章将进一步探讨在黏性与松弛时间依赖压力条件下黏弹性流体的电动流动和能量转换，并考虑壁面滑移效应。在实际微流体应用中，为了提高装置的性能，采用疏水材料如聚二甲基硅氧烷（polydimethylsiloxane，PDMS）和聚甲基丙烯酸甲酯（polymethyl methacrylate，PMMA）对微流体装置的壁面进行了改善。在这种情况下，应考虑壁面滑移边界条件。一般来说，用 Navier 滑移条件来描述滑移壁面。黏性和松弛时间依赖压力条件下黏弹性流体在平衡板纳米通道中电动流动如图 5.1 所示。

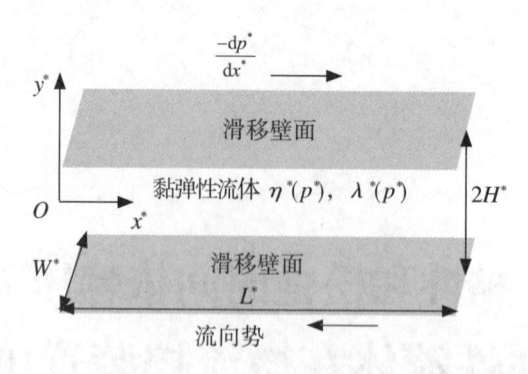

图 5.1 黏性和松弛时间依赖压力条件下黏弹性流体在平行板纳米通道中电动流动的示意图

5.2 建立数学模型及求解问题

5.2.1 电势分布

类似于第 4 章，双电层电势 ψ^* 和电荷密度 ρ_e^* 满足下列泊松方程[109, 112]：

$$\frac{d^2\psi^*}{dy^{*2}} = -\frac{\rho_e^*}{\varepsilon_0 \varepsilon_r} \quad (5.1)$$

式中：ε_0 为真空介电常数；ε_r 为相对介电常数；ρ_e^* 为电荷密度[109]。假定离子服从玻尔兹曼分布，壁面 Zeta 势小于 25 mV，利用 Debye–Hückel 线性近似简化泊松方程[109]。相应的边界条件如下：

$$\psi^*\big|_{y^*=H^*} = \psi_w^*, \quad \frac{d\psi^*}{dy^*}\bigg|_{y^*=0} = 0 \quad (5.2)$$

式中：ψ_w^* 是壁面 Zeta 势。利用边界条件 [式（5.2）]，式（5.1）的解析解如下：

$$\psi^* = \psi_w^* \frac{\cosh(\kappa y^*)}{\cosh(\kappa H^*)}, \quad \kappa = \sqrt{\frac{2n_0 z_v^2 e_0^2}{\varepsilon_0 \varepsilon_r k_B T}} \quad (5.3)$$

式中：κ 是 Debye-Hückel 参数，且 $\dfrac{1}{\kappa}$ 表示双电层的厚度；k_B 是玻尔兹曼常数；T 是绝对温度；e_0 是单位电荷；z_v 是离子化合价；n_0 是离子数浓度。最终，式（5.1）中的电荷密度的表达式如下：

$$\rho_e^* = -\varepsilon_0 \varepsilon_r \kappa^2 \psi_w^* \frac{\cosh(\kappa y^*)}{\cosh(\kappa H^*)} \qquad (5.4)$$

5.2.2 速度和压力分布

考虑黏性和松弛时间依赖压力条件下不可压缩黏弹性流体的电动流动，结合诱导的流向势，黏弹性流体的流动速度满足下列的连续性方程和动量方程：

$$\nabla^* \cdot \boldsymbol{u}^* = 0 \qquad (5.5)$$

$$\rho^* \left(\frac{\partial \boldsymbol{u}^*}{\partial t^*} + \boldsymbol{u}^* \cdot \nabla^* \boldsymbol{u}^* \right) = -\nabla p^* + \nabla \cdot \boldsymbol{\tau}^* + \rho_e^* \boldsymbol{E}_s^* \qquad (5.6)$$

式中：ρ^* 是流体密度；p^* 是压力；$\boldsymbol{E}_s^*$ 是诱导流向势；$\boldsymbol{\tau}^*$ 是应力张量。为了描述黏弹性流体，我们考虑用线性化 Maxwell 流体本构模型，其本构方程如下[138, 153]：

$$\boldsymbol{\tau}^* + \lambda^* (\boldsymbol{u}^* \cdot \nabla^* \boldsymbol{\tau}^* - \boldsymbol{\tau}^* \cdot \nabla^* \boldsymbol{u}^* - (\nabla \boldsymbol{u}^*)^{\mathrm{T}} \cdot \boldsymbol{\tau}^*) = \eta^* (\nabla \boldsymbol{u}^* + \nabla \boldsymbol{u}^{*\mathrm{T}}) \qquad (5.7)$$

式中：λ^* 为黏弹性流体的松弛时间。当 $\lambda^*=0$ 时，Maxwell 流体模型可以简化为牛顿流体模型。η^* 是流体的黏性。这里我们考虑 λ^* 和 η^* 均随压力 p^* 指数型变化[138]：

$$\eta^*(p^*) = \eta_0^* e^{\beta^*(p^* - p_{\mathrm{ref}}^*)} \qquad (5.8)$$

$$\lambda^*(p^*) = \lambda_0^* e^{\omega \beta^*(p^* - p_{\mathrm{ref}}^*)} \qquad (5.9)$$

式中：η_0^* 为参考压力 p_{ref}^* 下的黏性；λ_0^* 是参考压力 p_{ref}^* 下的松弛时间；β^* 为压力黏性系数；ω 为松弛系数[138]。当 $\omega=0$ 时，松弛时间与压力无关；

当 $\omega=1$ 时，松弛时间随压力的增加与黏性的增加相同；当 $\omega>1$（$\omega<1$）时，松弛时间随压力的增加大于（小于）黏性的增加。考虑定常的二维流动，垂直速度是 u_y^*，轴向速度是 u_x^*，即 $\boldsymbol{u}=(u_x^*, u_y^*)$；二维的压力分布为 $p^*=p^*(x^*, y^*)$；流向势为 $\boldsymbol{E}_s^*=(E_s^*, 0)$。因此，连续性方程和动量方程分量形式为[138]

$$\frac{\partial u_x^*}{\partial x^*} + \frac{\partial u_y^*}{\partial y^*} = 0 \quad (5.10)$$

$$\rho^* \left(u_x^* \frac{\partial u_x^*}{\partial x^*} + u_y^* \frac{\partial u_x^*}{\partial y^*} \right) = -\frac{\partial p^*}{\partial x^*} + \frac{\partial \tau_{xx}^*}{\partial x^*} + \frac{\partial \tau_{xy}^*}{\partial y^*} + \rho_e^* E_s^* \quad (5.11)$$

$$\rho^* \left(u_x^* \frac{\partial u_y^*}{\partial x^*} + u_y^* \frac{\partial u_y^*}{\partial y^*} \right) = -\frac{\partial p^*}{\partial y^*} + \frac{\partial \tau_{yx}^*}{\partial x^*} + \frac{\partial \tau_{yy}^*}{\partial y^*} \quad (5.12)$$

式中：τ_{xy}^* 为对称剪切应力，$\tau_{xy}^*=\tau_{yx}^*$，τ_{xx}^* 和 τ_{yy}^* 为法向应力。Maxwell 流体模型的本构方程有如下形式[138]：

$$\tau_{xx}^* + \lambda^* \left(u_y^* \frac{\partial \tau_{xx}^*}{\partial y^*} + u_x^* \frac{\partial \tau_{xx}^*}{\partial y^*} - 2\tau_{xx}^* \frac{\partial u_x^*}{\partial x^*} - 2\tau_{xy}^* \frac{\partial u_x^*}{\partial y^*} \right) = 2\eta^* \frac{\partial u_x^*}{\partial x^*} \quad (5.13)$$

$$\tau_{xy}^* + \lambda^* \left(u_y^* \frac{\partial \tau_{xy}^*}{\partial y^*} + u_x^* \frac{\partial \tau_{xy}^*}{\partial x^*} - \tau_{xx}^* \frac{\partial u_y^*}{\partial x^*} - \tau_{yy}^* \frac{\partial u_x^*}{\partial y^*} \right) = \eta^* \left(\frac{\partial u_y^*}{\partial x^*} + \frac{\partial u_x^*}{\partial y^*} \right) \quad (5.14)$$

$$\tau_{yy}^* + \lambda^* \left(u_y^* \frac{\partial \tau_{yy}^*}{\partial y^*} + u_x^* \frac{\partial \tau_{yy}^*}{\partial x^*} - 2\tau_{yy}^* \frac{\partial u_y^*}{\partial y^*} - 2\tau_{xy}^* \frac{\partial u_y^*}{\partial x^*} \right) = 2\eta^* \frac{\partial u_y^*}{\partial y^*} \quad (5.15)$$

这里的压力是一个依赖于 x^* 和 y^* 的未知函数，需要和流动速度耦合求解。轴向速度 u_x^* 满足滑移的边界条件，垂直方向速度 u_y^* 满足无渗透条件。流动速度关于平行板纳米通道的中平面（即 $y^*=0$ 处）满足对称的条件。考虑压力的边界条件，在出口平面处给定一个参考压力[138]。因此，式（5.11）和式（5.12）的边界条件可以表示为[138]

$$\frac{\partial u_x^*}{\partial y^*}\Big|_{y^*=0} = 0, \quad u_y^*\Big|_{y^*=0} = 0, \quad u_x^*\Big|_{y^*=H^*} + \gamma^* \frac{\partial u_x^*}{\partial y^*}\Big|_{y^*=H^*} = 0$$

$$u_y^*|_{y^*=H^*}=0, \quad p^*(L^*,H^*)=p_{\text{ref}}^*, \quad \int_{-H^*}^{H^*}u_x^*\text{d}y^*=\frac{Q^*}{W^*} \quad (5.16)$$

式中：γ^* 为滑移长度；Q^* 为体积流量；W^* 为平行板的宽度。为了简化式（5.10）~式（5.16），引入下列无量纲变量和参数：

$$u_x=\frac{u_x^*}{U^*}, \quad u_y=\frac{u_y^*}{U^*H^*/L^*}, \quad x=\frac{x^*}{L^*}, \quad y=\frac{y^*}{H^*}, \quad p=\frac{p^*-p_{\text{ref}}^*}{3\eta_0^*U^*L^*/H^{*2}}, \quad \tau=\frac{\tau^*}{\eta_0^*U^*/L^*}$$

$$a=\frac{H^*}{L^*}, \quad E_s=\frac{E_s^*}{E_0}, \quad \eta=\frac{\eta^*}{\eta_0^*}, \quad \lambda=\frac{\lambda^*}{\lambda_0^*}, \quad K=\kappa H^*, \quad U^*=\frac{Q^*}{2W^*H^*}, \quad \beta=\frac{3\beta^*\eta_0^*U^*L^*}{H^{*2}}$$

$$\text{Wi}=\frac{\lambda_0^*U^*}{L^*}, \quad u_s=\frac{\varepsilon_0\varepsilon_r k_B T E_0}{e_0 z_v \eta_0^* U^*}, \quad \psi_w=\frac{e_0 z_v \psi_w^*}{k_B T}, \quad \psi=\frac{e_0 z_v \psi^*}{k_B T}, \quad \gamma=\frac{\gamma^*}{H^*}$$

$$(5.17)$$

式中：U^* 为特征速度；β 为无量纲的压力黏性系数；p 为无量纲的压力；λ 为无量纲的松弛时间；ψ_w 为无量纲的壁面 Zeta 势；τ 为无量纲的应力张量；E_s 为无量纲的流向势；γ 为无量纲的滑移长度；u_s 表示电渗速度与特征速度的比值；K 是无量纲电动宽度；a 是纳米通道的几何比；Wi 是 Weissenberg 数。然后，将这些无量纲变量代入式（5.10）~式（5.16），同时利用可忽略的雷诺数，$Re=\dfrac{\rho^*U^*H^*}{\eta_0^*}\ll 1$，则黏性依赖压力条件下松弛时间、连续性方程、动量方程、本构方程和边界条件为

$$\eta=\text{e}^{\beta p} \quad (5.18)$$

$$\lambda=\text{e}^{\omega\beta p} \quad (5.19)$$

$$\frac{\partial u_x}{\partial x}+\frac{\partial u_y}{\partial y}=0 \quad (5.20)$$

$$0=-3\frac{\partial p}{\partial x}+a^2\frac{\partial \tau_{xx}}{\partial x}+a\frac{\partial \tau_{xy}}{\partial y}-u_s E_s K^2 \psi \quad (5.21)$$

$$0 = -3\frac{\partial p}{\partial y} + a^3 \frac{\partial \tau_{yx}}{\partial x} + a^2 \frac{\partial \tau_{yy}}{\partial y} \quad (5.22)$$

$$\tau_{xx} + \lambda \text{Wi}\left(u_y \frac{\partial \tau_{xx}}{\partial y} + u_x \frac{\partial \tau_{xx}}{\partial x} - 2\tau_{xy}\frac{\partial u_x}{\partial x} - \frac{2\tau_{xy}}{a}\frac{\partial u_x}{\partial y}\right) = 2\eta \frac{\partial u_x}{\partial x} \quad (5.23)$$

$$\tau_{xy} + \lambda \text{Wi}\left(u_y \frac{\partial \tau_{xy}}{\partial y} + u_x \frac{\partial \tau_{xy}}{\partial x} - a\tau_{xx}\frac{\partial u_y}{\partial x} - \frac{\tau_{yy}}{a}\frac{\partial u_x}{\partial y}\right) = \eta\left(a\frac{\partial u_y}{\partial x} + \frac{1}{a}\frac{\partial u_x}{\partial y}\right) \quad (5.24)$$

$$\tau_{yy} + \lambda \text{Wi}\left(u_y \frac{\partial \tau_{yy}}{\partial y} + u_x \frac{\partial \tau_{yy}}{\partial x} - 2\tau_{yy}\frac{\partial u_y}{\partial y} - 2a\tau_{xy}\frac{\partial u_y}{\partial x}\right) = 2\eta \frac{\partial u_y}{\partial y} \quad (5.25)$$

$$\frac{\partial u_x}{\partial y}\bigg|_{y=0} = 0, \quad u_y\big|_{y=0} = 0, \quad u_x\big|_{y=1} + \gamma \frac{\partial u_x}{\partial y}\bigg|_{y=1} = 0, \quad u_y\big|_{y=1} = 0$$

$$p(1,1) = 0, \quad \int_0^1 u_x \mathrm{d}y = 1 \quad (5.26)$$

式（5.21）和式（5.22）为非线性偏微分方程，因此我们利用摄动法去求控制方程的渐近解。与之前的方法相似，选取无量纲压力黏性系数 β 为小参数，将相关流动变量按 β 进行正则展开：

$$X = \sum_{i=0}^{2} \beta^i X_i \quad (5.27)$$

式中：$X = p$，η，λ，τ_{xy}，τ_{xx}，τ_{yy}，u_x，u_y。将这些级数展开式代入式（5.18）~式（5.26），并整理 β 的同阶项，可以得到 β 的零阶、一阶和二阶方程及其相应的边界条件。接下来给出渐近解的详细过程。

5.2.2.1 **零阶解**

假设 $u_{y_0} = 0$，得到零阶控制方程和边界条件：

$$\frac{\partial u_{x_0}}{\partial x} = 0 \quad (5.28)$$

$$0 = -3\frac{\partial p_0}{\partial x} + a\frac{\partial \tau_{xy_0}}{\partial y} - u_s E_s K^2 \psi_w \frac{\cosh(Ky)}{\cosh(K)} \quad (5.29)$$

$$0 = -3\frac{\partial p_0}{\partial y} \quad (5.30)$$

$$\tau_{xx_0} - \mathrm{Wi}\frac{2\tau_{xy_0}}{a}\frac{\partial u_{x_0}}{\partial y} = 0 \quad (5.31)$$

$$\tau_{xy_0} = \frac{1}{a}\frac{\partial u_{x_0}}{\partial y} \quad (5.32)$$

$$\frac{\partial u_{x_0}}{\partial y}\bigg|_{y=0} = 0, \quad u_{x_0}\big|_{y=1} + \gamma\frac{\partial u_{x_0}}{\partial y}\bigg|_{y=1} = 0, \quad p(1,1) = 0, \quad \int_0^1 u_{x_0}\,\mathrm{d}y = 1 \quad (5.33)$$

根据式（5.30），p_0 与 y 无关，因此 p_0 仅是 x 的函数。将式（5.32）代入式（5.29），对式（5.29）关于 y 积分 2 次，利用边界条件，零阶速度和压力的解析解为

$$u_{x_0} = \frac{A_0}{2}(1-y^2) + u_s E_s \psi_w \left[\frac{\cosh(Ky)}{\cosh(K)} - 1\right] - \gamma(-A_0 + u_s E_s \psi_w K \tanh K) \quad (5.34)$$

$$p_0 = \frac{A_0}{3}(1-x) \quad (5.35)$$

常数 A_0 的表达式如下：

$$A_0 = \frac{3[1 + \gamma u_s E_s \psi_w K \tanh K - u_s E_s \psi_w \tanh K / K + u_s E_s \psi_w]}{(1+3\gamma)} \quad (5.36)$$

5.2.2.2 一阶解

根据得到的零阶解，可将一阶连续性方程、控制方程、本构方程和边界条件简化为

$$\eta_1 = p_0 \quad (5.37)$$

$$\lambda_1 = \omega p_0 \quad (5.38)$$

$$\frac{\partial u_{x_1}}{\partial x} + \frac{\partial u_{y_1}}{\partial y} = 0 \quad (5.39)$$

$$0 = -3\frac{\partial p_1}{\partial x} + a^2\frac{\partial \tau_{xx_1}}{\partial x} + a\frac{\partial \tau_{xy_1}}{\partial y} \quad (5.40)$$

$$0 = -3\frac{\partial p_1}{\partial y} + a^3\frac{\partial \tau_{xy_1}}{\partial x} + a^2\frac{\partial \tau_{yy_1}}{\partial y} \quad (5.41)$$

$$\tau_{xx_1} + \lambda_0 \text{Wi}\left(u_{y_1}\frac{\partial \tau_{xx_0}}{\partial y} + u_{x_0}\frac{\partial \tau_{xx_1}}{\partial x} - 2\tau_{xx_0}\frac{\partial u_{x_1}}{\partial x} - \frac{2\tau_{xy_0}}{a}\frac{\partial u_{x_1}}{\partial y} - \frac{2\tau_{xy_1}}{a}\frac{\partial u_{x_0}}{\partial y}\right)$$
$$+\lambda_1 \text{Wi}\left(-\frac{2\tau_{xy_0}}{a}\frac{\partial u_{x_0}}{\partial y}\right) = 2\eta_0 \frac{\partial u_{x_0}}{\partial x} \tag{5.42}$$

$$\tau_{xy_1} + \lambda_0 \text{Wi}\left(u_{y_1}\frac{\partial \tau_{xy_0}}{\partial y} + u_{x_0}\frac{\partial \tau_{xy_1}}{\partial x} - \frac{\tau_{yy_1}}{a}\frac{\partial u_{x_0}}{\partial y}\right)$$
$$= \eta_0 \frac{1}{a}\frac{\partial u_{x_1}}{\partial y} + \eta_1 \frac{1}{a}\frac{\partial u_{x_0}}{\partial y} \tag{5.43}$$

$$\tau_{yy_1} + \lambda_0 \text{Wi}\left(u_{x_0}\frac{\partial \tau_{yy_1}}{\partial x}\right) = 2\eta_0 \frac{\partial u_{y_1}}{\partial y} \tag{5.44}$$

$$\frac{\partial u_{x_1}}{\partial y}\bigg|_{y=0} = 0, \quad u_{y_1}\big|_{y=0} = 0, \quad u_{x_1}\big|_{y=1} + \gamma \frac{\partial u_{x_1}}{\partial y}\bigg|_{y=1} = 0, \quad u_{y_1}\big|_{y=1} = 0,$$
$$p(1,1) = 0, \quad \int_0^1 u_{x_1}\,\mathrm{d}y = 0 \tag{5.45}$$

利用一阶连续性方程，我们可以得到 u_{x_1} 的表达式，结合得到的零阶解，利用"Mathematica"软件可得到一阶方程的解析解：

$$u_{x_1} = \frac{A_0}{360K^4}(K^4(1-6y^2+5y^4)\text{Wi}(1+4\omega)A_0^2$$
$$+\frac{15}{2}u_s E_s \psi_w \text{sech}(K)^2(8K^3(-1+x)\cosh(K)((K-3Ky^2)\cosh(K)$$
$$+2K\cosh(Ky) + 3(-1+y^2)\sinh(K)) + E_s\text{Wi}(8(90-51K^2-2K^4$$
$$+3(-30+21K^2+2K^4)y^2) + (720(-1+y^2) + 24K^2(-23+39y^2)$$
$$-2K^4(-1+3y^2)(-4+\omega))\cosh(2K) + K(4K^3\omega\cdot\cosh(2Ky)$$
$$+24\cosh(Kr)(K(-20+K^2-3K^2y^2)\cosh(K) + (20+3K^2(-1+y^2))\sinh(K))$$
$$+3(80(5-6y^2) + K^2(36+y^2(-84+\omega)-\omega))\sinh(2K)$$
$$+8Ky(K(36+K^2(-1+y^2))\cosh(K) - (36+K^2(-3+y^2))\sinh(K))\sinh(Ky)))u_s\psi_w$$
$$+60E_s K\text{Wi}(1+4\omega)A_0 u_s \psi_w(K(5-9y^2+4\cosh(Ky)\text{sech}(K) - 2Ky\text{sech}(K)\sinh(Ky)$$
$$+(-9-K^2+3(3+K^2)y^2)\tanh(K)))$$
$$\tag{5.46}$$

$$u_{y_1} = \frac{E_s A_0 u_s \psi_w (-2\operatorname{sech}(K)\sinh(Ky) + y(K(-1+y^2) - (-3+y^2)\tanh(K)))}{6K}$$

(5.47)

$$\begin{aligned}p_1 =& \frac{1}{18}a^2 A_0^2 y^2 + C_6 + M_1 x^2 + M_2 x \\ & - \frac{1}{18K} a^2 E_s A_0 u_s \psi_w (K - 3Ky^2 + 4K\cosh(Ky)\operatorname{sech}(K) \\ & + 3(-1+y^2)\tanh(K)) \end{aligned}$$

(5.48)

式中：C_6，M_1，M_2 为常数，详细的表达式见参考文献[146]。

5.2.2.3 二阶解

根据得到的零阶解和一阶解，类似于一阶解的计算，可以得到二阶方程和边界条件：

$$\eta_2 = p_1 + \frac{p_0^2}{2} \tag{5.49}$$

$$\lambda_2 = \omega p_1 + \frac{\omega^2 p_0^2}{2} \tag{5.50}$$

$$\frac{\partial u_{x_2}}{\partial x} + \frac{\partial u_{y_2}}{\partial y} = 0 \tag{5.51}$$

$$0 = -3\frac{\partial p_2}{\partial x} + a^2 \frac{\partial \tau_{xx_2}}{\partial x} + a \frac{\partial \tau_{xy_2}}{\partial y} \tag{5.52}$$

$$0 = -3\frac{\partial p_2}{\partial y} + a^3 \frac{\partial \tau_{xy_2}}{\partial x} + a^2 \frac{\partial \tau_{yy_2}}{\partial y} \tag{5.53}$$

$$\tau_{xx_2} + \lambda_0 \text{Wi} \left(u_{y_1} \frac{\partial \tau_{xx_1}}{\partial y} + u_{y_2} \frac{\partial \tau_{xx_0}}{\partial y} + u_{x_0} \frac{\partial \tau_{xx_2}}{\partial x} + u_{x_2} \frac{\partial \tau_{xx_0}}{\partial x} \right.$$

$$\left. -2\tau_{xx_0} \frac{\partial u_{x_2}}{\partial x} - 2\tau_{xx_1} \frac{\partial u_{x_1}}{\partial x} - \frac{2\tau_{xy_0}}{a} \frac{\partial u_{x_2}}{\partial y} - \frac{2\tau_{xy_1}}{a} \frac{\partial u_{x_1}}{\partial y} - \frac{2\tau_{xy_2}}{a} \frac{\partial u_{x_0}}{\partial y} \right)$$

$$+ \lambda_1 \text{Wi} \left(u_{y_1} \frac{\partial \tau_{xx_0}}{\partial y} + u_{x_0} \frac{\partial \tau_{xx_1}}{\partial x} - 2\tau_{xx_0} \frac{\partial u_{x_1}}{\partial x} - \frac{2}{a}\tau_{xy_0} \frac{\partial u_{x_1}}{\partial y} - \frac{2}{a}\tau_{xy_1} \frac{\partial u_{x_0}}{\partial y} \right)$$

$$+ \lambda_2 \text{Wi} \left(-\frac{2}{a}\tau_{xy_0} \frac{\partial u_{x_0}}{\partial y} \right) = 2\eta_0 \frac{\partial u_{x_0}}{\partial x} + 2\eta_1 \frac{\partial u_{x_1}}{\partial x}$$

(5.54)

$$\tau_{xy_2} + \lambda_0 \text{Wi} \left(u_{y_1} \frac{\partial \tau_{xy_1}}{\partial y} + u_{y_2} \frac{\partial \tau_{xy_0}}{\partial y} + u_{x_0} \frac{\partial \tau_{xy_2}}{\partial x} + u_{x_1} \frac{\partial \tau_{xy_1}}{\partial x} - a\tau_{xx_0} \frac{\partial u_{y_2}}{\partial x} \right.$$

$$\left. -\frac{\tau_{yy_1}}{a} \frac{\partial u_{x_1}}{\partial y} - \frac{\tau_{yy_2}}{a} \frac{\partial u_{x_0}}{\partial y} \right) + \lambda_1 \text{Wi} \left(u_{y_1} \frac{\partial \tau_{xy_0}}{\partial y} + u_{x_0} \frac{\partial \tau_{xy_1}}{\partial x} - \frac{\tau_{yy_1}}{a} \frac{\partial u_{x_0}}{\partial y} \right)$$

$$= \eta_0 \left(\frac{1}{a} \frac{\partial u_{x_2}}{\partial y} + a\frac{\partial u_{y_2}}{\partial x} \right) + \eta_1 \frac{1}{a} \frac{\partial u_{x_1}}{\partial y} + \eta_2 \frac{1}{a} \frac{\partial u_{x_0}}{\partial y}$$

(5.55)

$$\tau_{yy_2} + \lambda_0 \text{Wi} \left(u_{y_1} \frac{\partial \tau_{yy_1}}{\partial y} + u_{x_0} \frac{\partial \tau_{yy_2}}{\partial x} - 2\tau_{yy_1} \frac{\partial u_{y_1}}{\partial y} \right) = 2\eta_0 \frac{\partial u_{y_2}}{\partial y} + 2\eta_1 \frac{\partial u_{y_1}}{\partial y} \quad (5.56)$$

$$\frac{\partial u_{x_2}}{\partial y}\bigg|_{y=0} = 0, \quad u_{y_2}\big|_{y=0} = 0, \quad u_{x_2}\big|_{y=1} + \gamma \frac{\partial u_{x_2}}{\partial y}\bigg|_{y=1} = 0, \quad u_{y_2}\big|_{y=1} = 0,$$

$$p_2(1,1) = 0, \quad \int_0^1 u_{x_2} \, \mathrm{d}y = 0 \quad (5.57)$$

类似于一阶解的方法，利用"Mathematica"软件可得到二阶方程的解析解，详细的表达式见参考文献[146]。目前，我们已经获得了Maxwell流体的速度和压力。在上述速度场和压力场中出现的流向势E_s仍是未知的，接下来我们将利用电中性条件来确定。

5.2.3 流向势分布

根据流向势的形成原理,在稳定状态下,净离子电流 I^* 为零[109]。这可以用数学公式来描述:

$$I^* = I_s^* + I_c^* = 0 \tag{5.58}$$

式中:I_s^* 和 I_c^* 分别为流向电流和电导流[109],可以表示为

$$I_s^* = \int_0^{L^*} \int_{-H^*}^{H^*} e_0 z_v (n_+ - n_-) u_x^* \mathrm{d}y^* \mathrm{d}x^* \tag{5.59}$$

$$I_c^* = \int_0^{L^*} \int_{-H^*}^{H^*} e_0 z_v (n_+ + n_-) \frac{e_0 z_v E_s^*}{f} \mathrm{d}y^* \mathrm{d}x^* \tag{5.60}$$

式中:f 为离子摩擦系数。利用玻尔兹曼分布 $n_{\pm} = n_0 \exp\left[\dfrac{e_0 z_v \psi^*}{k_B T}\right] \approx n_0 \left[\dfrac{1 \mp e_0 z_v \psi^*}{k_B T}\right]$,式(5.58)简化成下列形式:

$$\int_0^1 \int_0^1 \psi u_x \mathrm{d}y \mathrm{d}x = M u_s E_s \tag{5.61}$$

式中:$M = \dfrac{e_0^2 z_v^2 \eta_0^*}{k_B T f \varepsilon_0 \varepsilon_r}$ 为无量纲离子摩擦系数。利用 u_{x_0},u_{x_1},u_{x_2} 的表达式,然后将速度 u_x 和电势 ψ 代入方式(5.61),我们发现流向势 E_s 满足下列三次方程:

$$T_0 E_s^3 + T_1 E_s^2 + T_2 E_s + T_3 = 0 \tag{5.62}$$

式中:T_0,T_1,T_2 和 T_3 的表达式见参考文献[146]。由式(5.62),我们可以获得无量纲流向势 E_s 的解析解为

$$E_s = \sqrt[3]{-\frac{q_1}{2} + \sqrt{\frac{q_1^2}{4} + \frac{p_1^3}{27}}} + \sqrt[3]{-\frac{q_1}{2} - \sqrt{\frac{q_1^2}{4} + \frac{p_1^3}{27}}} - \frac{T_1}{3T_0} \tag{5.63}$$

$$p_1 = \frac{3T_0 T_2 - T_1^2}{3T_0^2}, \quad q_1 = \frac{27 T_0^2 T_3 - 9 T_0 T_1 T_2 + 2 T_1^3}{27 T_0^3} \tag{5.64}$$

5.2.4 电动能量转化效率

电动能量转换效率为输出功率与输入功率的比值[103, 109]：

$$\xi = \frac{P_{\text{out}}^*}{P_{\text{in}}^*} \tag{5.65}$$

式中：P_{out}^* 为输出功率，可由流向电流和流向势决定；P_{in}^* 为输入功率，可由压力梯度和体积流量决定[109]，表达式可以写为

$$P_{\text{in}}^* = \left| \left(-\frac{\partial p^*}{\partial x^*}\right)_m Q_{\text{in}}^* \right|, \quad P_{\text{out}}^* = \frac{|I_s^* E_s^*|}{4} \tag{5.66}$$

式中：$\left(-\frac{\partial p^*}{\partial x^*}\right)_m$ 为 x^* 轴方向不考虑流向势 E_s^* 的平均压力梯度，它的表达式为

$$\left(-\frac{\partial p^*}{\partial x^*}\right)_m = \frac{1}{H^* L^*} \int_0^{L^*} \int_0^{H^*} -\frac{\partial p^*}{\partial x^*}\bigg|_{E_s^*=0} dx^* dy^* \tag{5.67}$$

忽略流向势的无量纲压力 p 可表示为

$$\begin{aligned}
p|_{E_s=0} =& \frac{1-x}{1+3\gamma} \\
&+ \beta \frac{5a^2(-1+y^2)(-1-3\gamma)+(-1+x)(5(-1+x)(-1-3\gamma)-6\text{Wi}(-3-5\gamma-2\omega))}{10(-1+3\gamma)^3} \\
&+ \frac{\beta^2}{2}\frac{1}{100(-1-3\gamma)^5}(2(-1+x)(350(-1+x)^2(1+3\gamma)^2 \\
&-315\text{Wi}(-1+x)(-1-3\gamma)(-3-5\gamma-2\omega)\cdot(3+\omega) \\
&+18\text{Wi}^2(512+756\omega+292\omega^2+525\gamma^2(3+\omega)-210(-\gamma)(9+9\omega+2\omega^2))) \\
&+105a^2(-1-3\gamma)(8(-1+x-3\gamma-3x\gamma)+5y^4\text{Wi}(-3-\omega+2\omega^2) \\
&+\text{Wi}(-33-19\omega+2\omega^2+30(-\gamma)(3+\omega))-2y^2(10(-1+x-3\gamma+3x\gamma) \\
&+3\text{Wi}(-5\gamma(3+\omega)+2(-4-2\omega+\omega^2)))))
\end{aligned}$$

$$\tag{5.68}$$

值得注意的是，式（5.68）在忽略滑移长度的条件下，无量纲压力 p 的渐近解也可以简化为 Housiadas 推导出的表达式[138]。输入的体积流量

Q_{in}^* 为纯压力驱动的体积流量，可记为

$$Q_{\text{in}}^* = \int_{-H^*}^{H^*} \int_0^{L^*} u_x^* \big|_{E_s^*=0} \mathrm{d}x^* \mathrm{d}y^* = \int_{-H^*}^{H^*} \int_0^{L^*} u_p^* \mathrm{d}x^* \mathrm{d}y^* \tag{5.69}$$

式中：u_p^* 为不考虑流向势（$E_s^*=0$）的纯压力驱动速度，无量纲速度 u_p 可表示为

$$\begin{aligned}
u_p =& \frac{3(-1+y^2-2\gamma)}{-2-6\gamma} + \beta \frac{3(1-y^2)(1-5y^2)\mathrm{Wi}(1+4\omega)}{40(1+3\gamma)^2} \\
&+ \frac{\beta^2}{2\,800(-1-3\gamma)^5}(-1+3y^2)(-70a^2(-1+5y^2)(1+3\gamma)^2 \\
&+3\mathrm{Wi}(70(-1+x)(-1-3\gamma)(1+5\omega+4\omega^2) \\
&+35y^4\mathrm{Wi}(100\omega^2+119\omega+34) \\
&+\mathrm{Wi}(38+679\omega+428\omega^2-210(-\gamma)(4\omega^2+13\omega+3)) \\
&+70y^2(-5(-1+y)(-1-3\gamma)(4\omega^2+5\omega+1) \\
&+\mathrm{Wi}(15(-\gamma)(3+13\omega+4\omega^2)-2(5+37\omega+26\omega^2)))))
\end{aligned} \tag{5.70}$$

由式（5.70）可知，在不考虑滑移的情况下，u_p 与 Housiadas 的结果一致[138]。经过计算，无量纲电动能量转换效率的表达式为

$$\xi = \frac{u_s^2 E_s^2 K^2 M}{12\int_0^1\int_0^1 -\frac{\partial p}{\partial x}\big|_{E_s=0}\mathrm{d}x\mathrm{d}y \int_0^1\int_0^1 u_p \mathrm{d}x\mathrm{d}y} \tag{5.71}$$

此外，当松弛系数和滑移长度为零时，本章中获得的流动速度、压力、流向势及转换效率的结果与第 4 章的结果一致。

5.3 结果与讨论

5.3.1 结果验证

在上一节中得到了黏性和松弛时间依赖压力条件下黏弹性流体在滑移

纳米通道中的渐近解。其中，速度和压力获得二阶解。将速度和压力的渐近解与 Housiadas[153] 给出的精确解进行了比较，结果如图 5.2 所示。

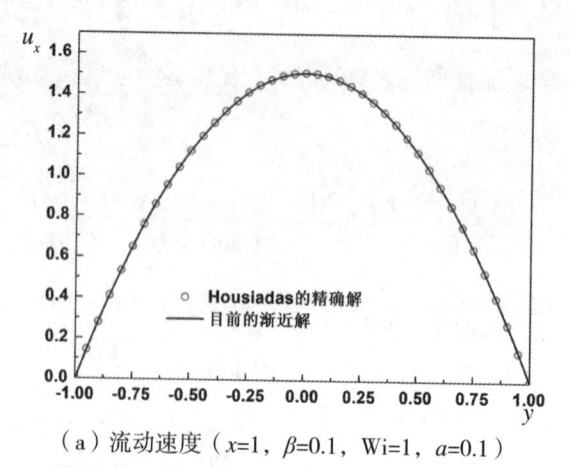

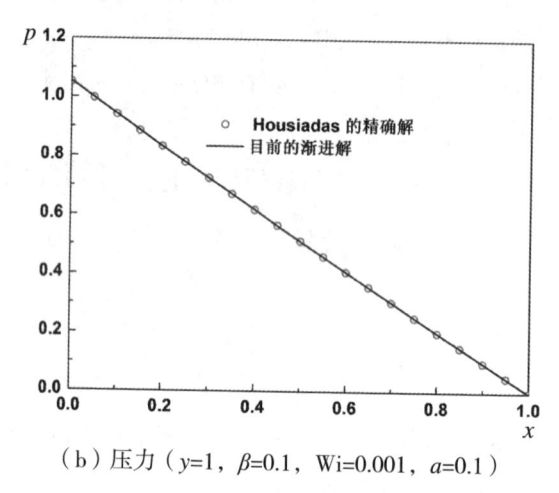

(a) 流动速度（$x=1$，$\beta=0.1$，$Wi=1$，$a=0.1$）

(b) 压力（$y=1$，$\beta=0.1$，$Wi=0.001$，$a=0.1$）

图 5.2　目前的渐近解和 Housiadas[153] 的精确解的比较

5.3.2　结果讨论

在黏性和松弛时间依赖压力的条件下，我们得到了黏弹性流体在滑移纳米通道中的速度、压力、流向势和电动能量转换效率的渐近解。相关物理参数与第 4 章中的参数一致。无量纲滑移长度 γ 为 0～0.1，松弛系数 ω 为 0～2[138]。

图 5.3（a）描述了不同松弛系数条件下流向势随滑移长度的变化。在不同的松弛系数条件下，随着滑移长度的上升，流向势的值呈增大趋势。在电动流动中，滑移长度增加会导致流体流动增强，也会使得离子的传输增强，而离子传输增强可以直接导致流向势增加。然而，随着松弛系数的增大，流向势的值逐渐减小。造成这一现象的原因是松弛时间增加，流体的黏弹性效应增强，从而导致流向势的减少。此外，流向势随松弛系数的具体变化如图 5.3（b）所示。

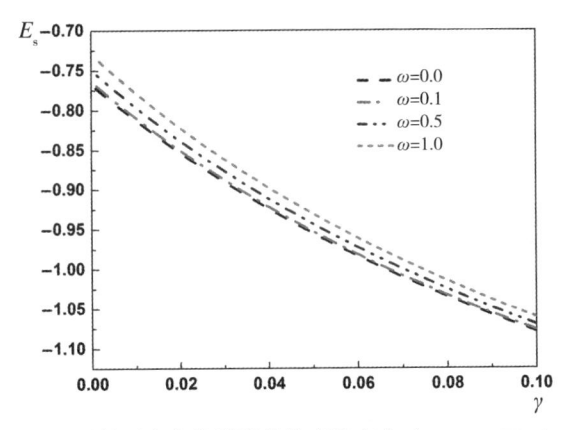

（a）不同松弛系数下流向势随滑移长度的变化（$K=10$，$Wi=1$，$\beta=0.1$）

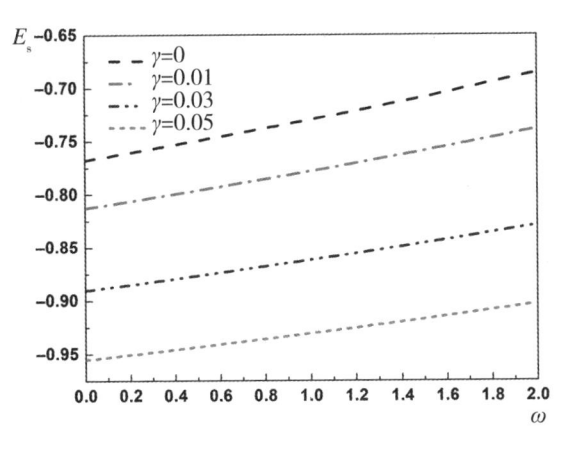

（b）不同滑移长度下流向势随松弛系数的变化（$K=10$，$Wi=1$，$\beta=0.1$）

图 5.3　流向势随滑移长度和松弛系数的变化

图 5.4（a）展示了不同松弛系数条件下轴向的流动速度 u_x 随 y 的分布。可以看出，轴向速度的分布为抛物线形。随着松弛系数的增大，靠近壁面的流动速度逐渐降低，而通道中心的流动速度逐渐提高。壁面流速降低的原因可能是松弛系数的增大会导致黏弹性效应增强。根据恒定体积流量，壁面附近的速度降低就会使得通道中心处速度提高。图 5.4（b）展示了滑移长度对轴向的流动速度的影响。可以看出，滑移长度的增加可以提高流体在纳米通道壁面附近的速度，这是因为轴向速度在边界处满足滑移的边界条件。然而，由于恒定的体积流量，通道中心的速度将随着滑移长度的增加而降低。

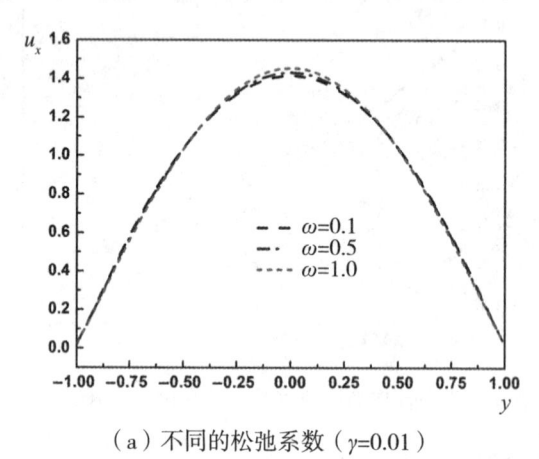

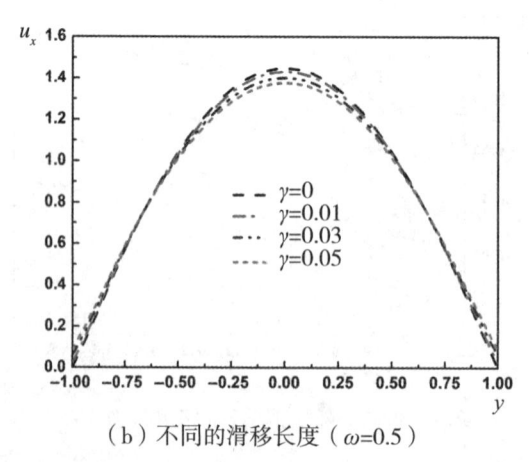

（a）不同的松弛系数（γ=0.01）

（b）不同的滑移长度（ω=0.5）

图 5.4 轴向速度随垂直距离 y 的变化（x=1，β=0.1，Wi=1，K=10）

第 5 章　黏性和松弛时间依赖压力条件下黏弹性流体在微流控装置中的电动流动和能量转换

为了更清楚地了解松弛系数和滑移长度对轴向流动速度的影响，图 5.5 展示了速度偏差 $\Delta u_x = u_x - u_{x0}$ 的变化规律。根据一阶和二阶速度的表达式，得到了黏性和松弛时间都依赖压力条件下轴向速度偏差分布。在不同的松弛系数条件下，速度偏差的变化如图 5.5（a）所示。当松弛系数较小（$\omega < 0.1$）时，由于较弱的黏弹性效应，从壁面到中心速度偏差先增加后减小再增加。而当松弛系数较大（$\omega > 0.5$）时，速度偏差先减小再增加。从图 5.5（b）中可以看出，速度偏差呈现振荡变化，并且滑移长度对速度偏差的影响更为明显。

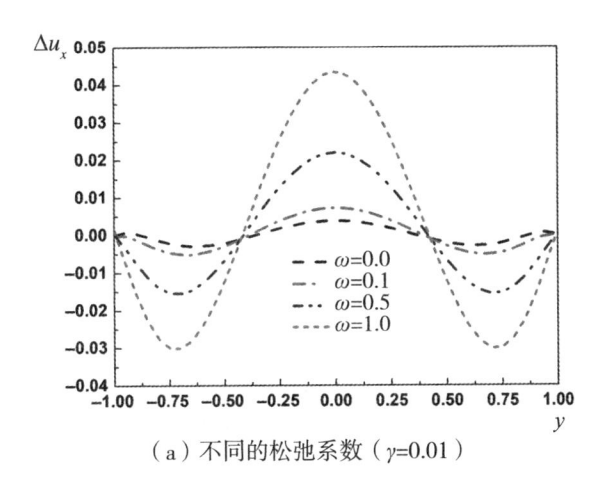

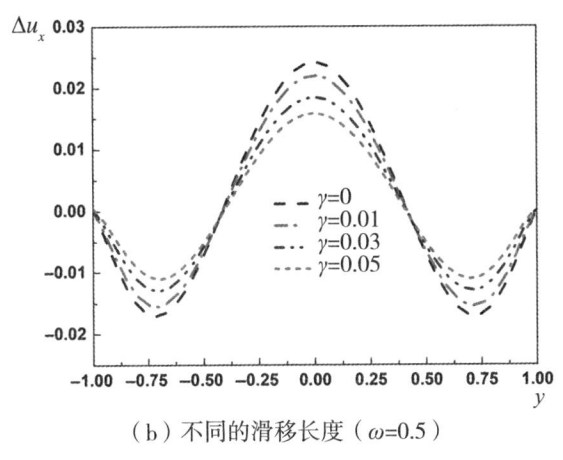

（a）不同的松弛系数（$\gamma = 0.01$）

（b）不同的滑移长度（$\omega = 0.5$）

图 5.5　轴向速度偏差随垂直距离 y 的变化（$x = 1$，$\beta = 0.1$，Wi = 1，$K = 10$）

图 5.6 展示了垂直方向速度的分布。我们可以发现,速度的变化呈波状,并且垂直方向的速度比轴向速度慢得多。另外可以很容易地看出,垂直方向速度的分布是中心对称图形,这是因为在边界条件[式(5.16)]中,垂直方向的流速在纳米通道的中心设为零[138]。图 5.6(a)展示了松弛系数对垂直速度的影响。当松弛系数增大时,垂直方向的速度降低。造成这一现象的主要原因是黏弹性效应不仅可以降低轴向的流动速度,而且降低垂直方向的速度。图 5.6(b)展示了滑移长度对垂直速度的影响。可以看出,滑移长度的增加可以导致垂直方向的速度提高。造成这一现象的原因是滑移边界条件可以增强流体运动,因此既可以提高轴向流动速度,也可以提高垂直方向的速度。

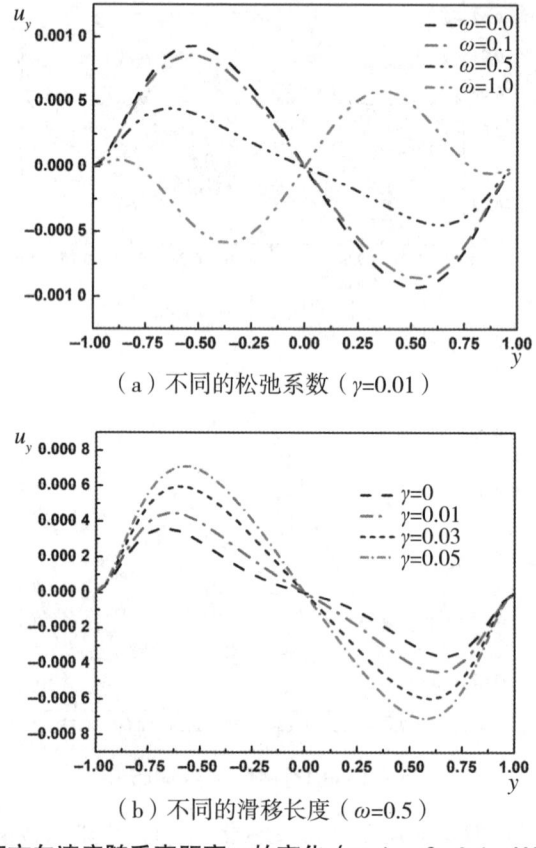

(a)不同的松弛系数(γ=0.01)

(b)不同的滑移长度(ω=0.5)

图 5.6 垂直方向速度随垂直距离 y 的变化（x=1，β=0.1，Wi=1，K=10）

流体黏性随 x 的分布如图 5.7 所示。可以看出，从纳米通道的入口到出口，流体黏性逐渐减弱。在图 5.7（a）中，随着松弛系数的增大，流体在纳米通道内的黏性增强。这是因为当松弛系数增大时，松弛时间逐渐增加，导致黏弹性效应增强，从而使流体黏性增强。从图 5.7（b）中可以看出，当滑移长度增加时，流体黏性逐渐减弱。这是因为当滑移长度增加时，摩擦因数减小，导致流体黏性减弱[136]。图 5.8（a）描述了不同的松弛系数下松弛时间随 x 的变化。比较图 5.7（a）和图 5.8（a），可以清楚地看出，对于 $\omega<1(\omega>1)$，松弛时间比相应的黏性小（大）。这种现象可以从式（5.18）和式（5.19）反映出来。图 5.8（b）显示了滑移长度对松弛时间的影响。滑移长度越长，松弛时间越短。

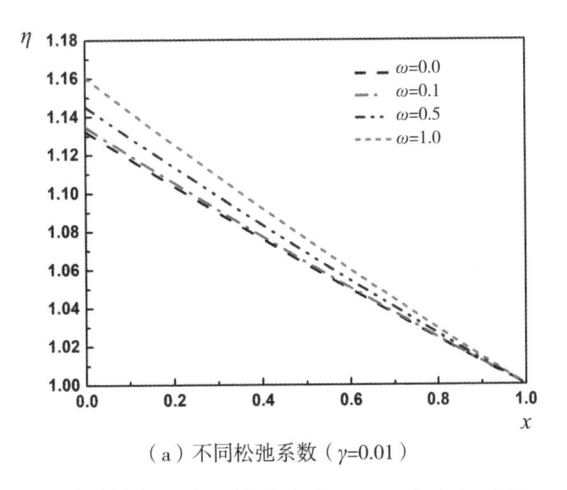

（a）不同松弛系数（γ=0.01）

图 5.7 流体黏性随轴向距离 x 的变化（y=1，β=0.1，Wi=1，K=10）

（b）不同滑移长度（ω=0.5）

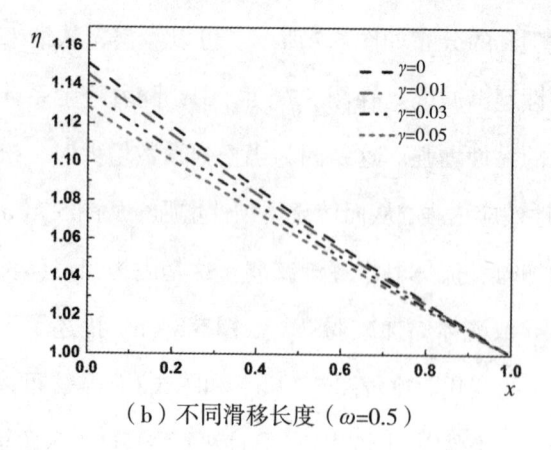

图 5.7　流体黏性随轴向距离 x 的变化（y=1，β=0.1，Wi=1，K=10）（续图）

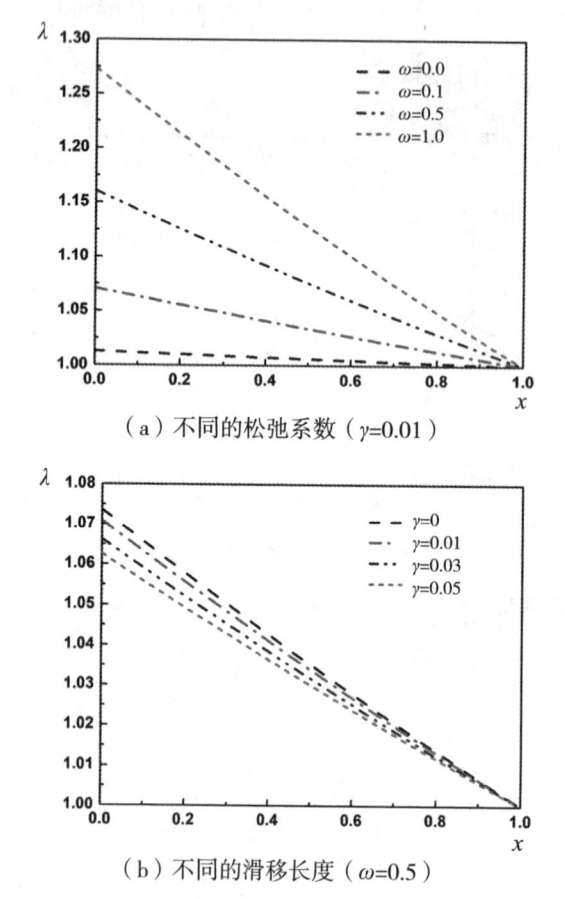

（a）不同的松弛系数（γ=0.01）

（b）不同的滑移长度（ω=0.5）

图 5.8　松弛时间随轴向距离 x 的变化（y=1，β=0.1，Wi=1，K=10）

第 5 章 黏性和松弛时间依赖压力条件下黏弹性流体在微流控装置中的电动流动和能量转换

电动能量转换效率的变化如图 5.9 所示。结果表明，随着无量纲电动宽度 K 的增大，电动能量转换效率先达到最大值，然后降低。从图 5.9（a）中可以看出，电动能量转换效率随着松弛系数的增大呈减小趋势，这是由于流体黏弹性效应增强从而导致流体黏性增强。如图 5.9（b）所示，随着滑移长度的增加，电动能量转换效率呈上升的趋势。造成这一现象的主要原因是随着滑移长度的增加，流体流动增强，从而提高了电动能量转换效率。

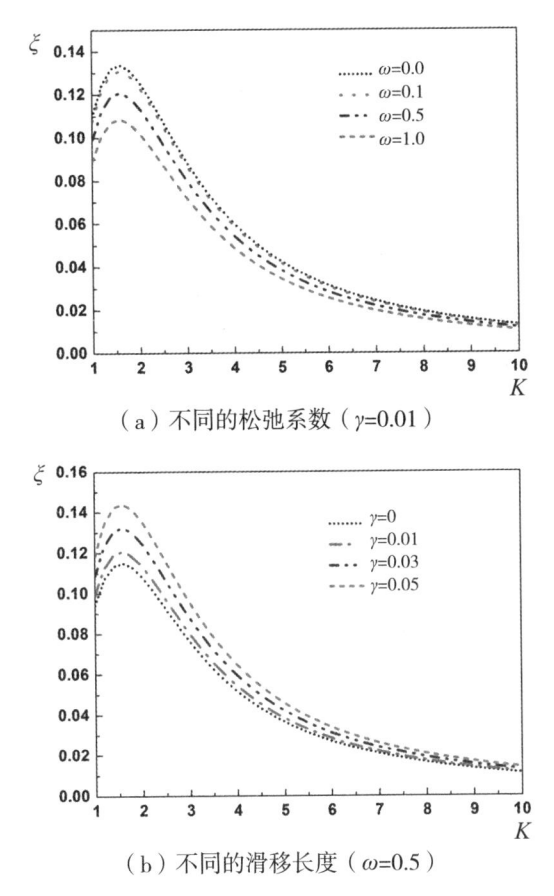

（a）不同的松弛系数（$\gamma=0.01$）

（b）不同的滑移长度（$\omega=0.5$）

图 5.9 黏性和松弛时间依赖压力条件下黏弹性流体的电动能量转换效率（Wi=1，$\beta=0.1$）

5.4　本章小结

本章从理论上研究了黏性和松弛时间指数型依赖压力条件下，黏弹性流体在滑移的纳米通道中的电动流动。

首先，本章通过流动控制方程，得到了流动速度和压力的二阶渐近解，进而得到了流向势和电动能量转换效率。根据所得到的结果，本章可以发现流向势的值随着松弛系数的增大而减小，然而滑移长度可以增加流向势。

其次，为了更好地理解黏弹性流体在两个方向上的流动，本章还讨论了轴向速度和垂向速度的分布。当松弛系数增大时，垂直方向的速度降低；轴向速度的在通道壁面附近降低，在通道中心处提高。轴向速度的分布为抛物线型，并且在轴向速度偏差中会出现振荡变化。流体黏性会随松弛系数的增大而增强，但随滑移长度的增加而减弱。

最后，本章讨论了作为电动流动的一个重要应用电动能量转换效率。结果表明，松弛系数增大会导致电动能量转换效率的降低。然而，黏性和松弛时间依赖压力条件下增加滑移长度可以提高黏弹性流体的电动能量转换效率。

第 6 章　黏性依赖压力条件下牛顿流体在壁面为高 Zeta 势的微流控装置中的电动流动和能量转换

6.1　提出问题

和前三章的方法不一样，本章又用 Onsager 互易理论研究了黏性依赖压力条件下流体在高 Zeta 势下的电动流动和能量转换问题，并且没有进行无量纲计算，而是直接用有量纲参数来分析能量转换效率。

考虑一个高度为 H^*、宽度为 W^* 和长度为 L^* 的纳米通道。电解质溶液充满壁面带恒定的表面电荷密度的纳米通道，并且其黏性依赖压力。假设 $L^* \gg H^*$，$L^* \gg W^*$，因此可以将纳米通道视为无限长平行板，并忽略通道末端效应。建立一个二维笛卡儿坐标系 (x^*, y^*)。通过施加一个压力差 $\Delta p^* = p_{in}^* - p_{out}^* > 0$ 来驱动电解质溶液，其中，p_{in}^* 是入口处压力，p_{out}^* 是出口处压力。然后，随着电解质溶液的定向迁移，会产生一个流向电流 I_s^* 和一个流向势 $E_s^* = \dfrac{-(V_{out}^* - V_{in}^*)}{L^*} < 0$。当外部电子负载与系统连接时，我们就得

到了一个简单的电动能量转换装置。该转换装置可以实现从机械能到电能的能量转换。黏性依赖压力条件下牛顿流体在壁面为高 Zeta 势的平行板纳米通道中的电动流动，如图 6.1 所示。

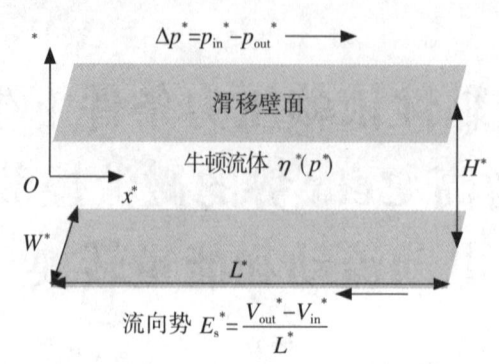

（a）压力驱动下平行板纳米通道中的电动流动示意图

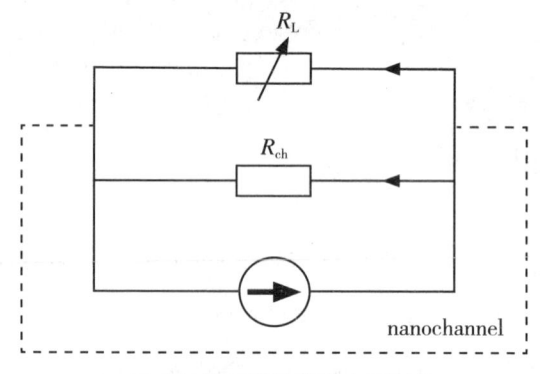

（b）纳米通道的等效电路图

图 6.1 黏性依赖压力条件下牛顿流体在壁面为高 Zeta 势的平行板纳米通道中的电动流动

6.2 建立数学模型及求解问题

6.2.1 电势分布

根据双电层理论，在上述假设下，双电层电势满足对称电解质溶液的

一维泊松 – 玻尔兹曼方程

$$\frac{d^2\psi^*}{dy^{*2}} = \kappa^2 \sinh(\psi^*) \tag{6.1}$$

式中：ψ^* 是电势；κ 是 Debye 长度的倒数，定义为 $\kappa^2 = \dfrac{2n_0 e_0^2 z_v^2}{\varepsilon_r \varepsilon_0 k_B T}$；$e_0$ 是电子电荷；z_v 离子化合价；k_B 玻尔兹曼常数；T 是绝对温度；ε_0 是真空介电常数；ε_r 是相对介电常数；n_0 是离子数浓度。

为了获得电势分布，式（6.1）需要给出一些合适的边界条件。通常用 3 种边界来描述电极表面性质：恒定表面 Zeta 势、恒定表面电荷和可变的表面电荷。Van der Heyden 等[91]比较了这 3 种边界条件下的流向电流，发现可变的表面电荷可能是最合适的。然而，一旦使用这种边界条件，就需要事先给定许多物理参数，如 pH、可调节参数和电荷密度等[112]。这可能会使得从理论上解决电势问题更加困难。因此，为了避免过度复杂，在理论分析中，通常使用恒定表面电荷边界描述固 – 液界面[101, 104, 112]。根据高斯定律，可以得到一个恒定的表面电荷密度 σ。

$$\sigma = \pm \frac{\varepsilon_r \varepsilon_0 k_B T}{e_0 z_v} \frac{d\psi^*}{dy^*}\bigg|_{y^* = \pm \frac{H^*}{2}} \tag{6.2}$$

在对称通道中，双电层电势可以从式（6.2）中获得，但是中心处电势仍须数值求解[101]。

当中心电势的值迭代确定时，最终可以得到电势分布。这里，我们用数值方法来求解双电层电势，因此没有解析表达式。

6.2.2　速度和压力分布

对于稳态不可压缩流动，给出了连续性方程、动量方程、牛顿流体应力张量的表达式以及净电荷密度的表达式：

$$\nabla^* \cdot \boldsymbol{u}^* = 0 \qquad [6.3(a)]$$

$$\rho^*\left(\frac{\partial \boldsymbol{u}^*}{\partial t^*} + \boldsymbol{u}^* \cdot \nabla^* \boldsymbol{u}^*\right) = -\nabla p^* + \nabla \cdot \boldsymbol{\tau}^* + \rho_e^* \boldsymbol{E}_s^* \qquad [6.3(b)]$$

$$\boldsymbol{\tau}^* = \eta^*\left(\nabla \boldsymbol{u}^* + \nabla \boldsymbol{u}^{*T}\right) \qquad [6.3(c)]$$

$$\rho_e^* = -\frac{\varepsilon_r \varepsilon_0 k_B T}{e_0 z_v}\frac{d^2\psi^*}{dy^{*2}} \qquad [6.3(d)]$$

式中：$\boldsymbol{u}=(u_x^*, u_y^*)$ 为流动速度矢量，垂直速度是 u_y^*，轴向速度是 u_x^*；ρ^* 是流体密度，$p^*=p^*(x^*,y^*)$ 为压力；$\boldsymbol{\tau}^*$ 为应力张量；ρ_e^* 为净电荷密度；$\boldsymbol{E}_s^*=(E_s^*,0)$ 为流向势矢量；η^* 为流体黏性。本章考虑黏性线性依赖压力关系[141]：

$$\eta^* = \eta_0^*\left(1 + \beta^* p^*\right) \qquad (6.4)$$

式中：η_0^* 是不考虑压力黏性效应的流体黏性，β^* 是压力黏性系数。当 $\beta^*=0$ 时，流体动态黏性变为常数。在这种情况下，式（6.3）可以进一步简化为一维的电动流动问题，可以很容易地得到流动行为[101]。而当 $\beta^* \neq 0$ 时，流体的黏性是依赖压力的未知函数。由于未知的流体黏性，导致求解动量方程有一定的困难。因此，要得到黏性随压力变化的电动力学行为，需要同时求解式（6.3）和式（6.4）。式（6.3）和式（6.4）为非线性偏微分方程，因此我们利用摄动展开法去求控制方程的渐近解。与之前的方法相似，选取无量纲压力黏性系数 β^* 为小参数，将相关流动变量按 β^* 进行正则展开：

$$X = \sum_{i=0}^{2} \beta^{*i} X_i \qquad (6.5)$$

式中：$X=p^*$，η^*，τ_{xy}^*，τ_{xx}^*，τ_{yy}^*，u_x^*，u_y^*，将这些级数展开式代入式（6.3）和式（6.4），并整理 β^* 的同阶项，可以得到 β^* 的零阶和一阶方程及其相应的边界条件。定常状态下连续性方程、动量方程、本构方程和边界条件分量形式[138]如下。

6.2.2.1 零阶解

首先，零阶方程如下：

$$\frac{\partial u_{x_0}^*}{\partial x^*} + \frac{\partial u_{y_0}^*}{\partial y^*} = 0 \qquad [6.6(\text{a})]$$

$$-\frac{\partial p_0^*}{\partial x^*} + \frac{\partial \tau_{xx_0}^*}{\partial x^*} + \frac{\partial \tau_{xy_0}^*}{\partial y^*} + \rho_e^* E_s^* = 0 \qquad [6.6(\text{b})]$$

$$-\frac{\partial p_0^*}{\partial y^*} + \frac{\partial \tau_{xy_0}^*}{\partial x^*} + \frac{\partial \tau_{yy_0}^*}{\partial y^*} = 0 \qquad [6.6(\text{c})]$$

$$\tau_{xx_0}^* = 2\eta_0^* \frac{\partial u_{x_0}^*}{\partial x^*}, \quad \tau_{xy_0}^* = \eta_0^* \left(\frac{\partial u_{x_0}^*}{\partial y^*} + \frac{\partial u_{y_0}^*}{\partial x^*} \right), \quad \tau_{yy_0}^* = 2\eta_0^* \frac{\partial u_{y_0}^*}{\partial y^*} \qquad [6.6(\text{d})]$$

假设 $u_{x0}^*=0$，式（6.6）简化为

$$-\frac{\Delta p_0^*}{L^*} + \eta_0^* \frac{\partial^2 u_{x_0}^*}{\partial y^{*2}} + \frac{\varepsilon_r \varepsilon_0 k_B T}{e_0 z_v} \frac{\mathrm{d}^2 \psi^*}{\mathrm{d} y^{*2}} \left(\frac{\Delta V^*}{L^*} \right) = 0 \qquad (6.7)$$

式中：$-\dfrac{\Delta p_0^*}{L^*} = -\dfrac{\partial p_0^*}{\partial x^*} = -\dfrac{p_{\text{out}}^* - p_{\text{in}}^*}{L^*} > 0$；$E_s^* = -\dfrac{\Delta V^*}{L^*} = -\dfrac{V_{\text{out}}^* - V_{\text{in}}^*}{L^*} < 0$。式（6.7）给出的零阶动量方程的形式与 Mei 等[112]的一致。此外，式（6.7）的求解过程比较直观，结合无滑移边界条件和进出口压力，很容易得到零阶解

$$u_{x0}^* = -\frac{1}{8\eta_0^* L^*} \left(H^{*2} - 4y^{*2} \right) \Delta p_0^* - \frac{\varepsilon_r \varepsilon_0}{\eta_0^* L^*} \left(\frac{k_B T}{e_0 z_v} \psi^* - \frac{k_B T}{e_0 z_v} \psi^* \left(\frac{H^*}{2} \right) \right) \Delta V^* \qquad [6.8(\text{a})]$$

$$p_0^* = \frac{p_{\text{out}}^* - p_{\text{in}}^*}{L^*} x^* + p_{\text{in}}^* \qquad [6.8(\text{b})]$$

同样，上述零阶解也与 Mei 等[112]的解一致。由式[6.8（a）]可以很容易地观察到，零阶速度是两个速度的线性叠加。右边的第一项是压力驱动的速度，第二项是电渗速度。

6.2.2.2 一阶解

进一步，一阶方程如下：

$$\frac{\partial u_{x_1}^*}{\partial x^*}+\frac{\partial u_{y_1}^*}{\partial y^*}=0 \quad\quad [6.9（a）]$$

$$-\frac{\partial p_1^*}{\partial x^*}+\frac{\partial \tau_{xx_1}^*}{\partial x^*}+\frac{\partial \tau_{xy_1}^*}{\partial y^*}=0 \quad\quad [6.9（b）]$$

$$-\frac{\partial p_1^*}{\partial y^*}+\frac{\partial \tau_{xy_1}^*}{\partial x^*}+\frac{\partial \tau_{yy_1}^*}{\partial y^*}=0 \quad\quad [6.9（c）]$$

$$\tau_{xx_1}^*=2\eta_0^*\frac{\partial u_{x_1}^*}{\partial x^*},\ \tau_{xy_1}^*=\eta_0^*\frac{\partial u_{x_1}^*}{\partial y^*}+\eta_1^*\frac{\partial u_{x_0}^*}{\partial y^*},\ \tau_{yy_1}^*=2\eta_0^*\frac{\partial u_{y_1}^*}{\partial y^*} \quad [6.9（d）]$$

$$\eta_1^*=\eta_0^*p_0^* \quad\quad [6.9（e）]$$

为了求解上述一阶方程，使用以下边界条件：

$$u_{x_1}^*\bigg|_{y^*=\pm\frac{H^*}{2}}=0,\ u_{y_1}^*\bigg|_{y^*=\pm\frac{H^*}{2}}=0,\ \int_{-\frac{H^*}{2}}^{\frac{H^*}{2}}p_1^*(0,y^*)\mathrm{d}y^*=0,\ \int_{-\frac{H^*}{2}}^{\frac{H^*}{2}}p_1^*(L^*,y^*)\mathrm{d}y^*=0$$

（6.10）

式中：一阶速度仍然满足无滑移边界条件。考虑黏性依赖压力效应，压力不是沿 x 轴方向的线性函数，表现出一种非线性分布。因此，我们考虑沿 y^* 轴方向的平均压力。需要说明的是，式（6.10）是由相应的边界条件展开得到的。将零阶解代入式（6.9），经过代数计算，得到一阶速度和压力

$$u_{x_1}^* = \frac{1}{32e_0\eta_0^* H^{*3} L^{*2} z_v} \left(\begin{array}{l} \Delta p^* \left(H^{*2} - 4y^{*2}\right) \begin{pmatrix} 48\Delta V^* \varepsilon_r \varepsilon_0 k_B T M_3 \left(L^* - 2x^*\right) \\ +e_0 H^{*3} \left(4L^* p_{in}^* + \Delta p^* \left(L^* + 2x^*\right)\right) z_v \end{pmatrix} \\ +4\Delta V^* \varepsilon_r \varepsilon_0 H^* k_B T \begin{pmatrix} -\left(H^* - 2y^*\right) \begin{pmatrix} \begin{pmatrix} 3H^* \Delta p^* L^* + 4L^* p_{in}^* \\ -2\Delta p^* x^* \end{pmatrix} + \\ 6\Delta p^* \left(L^* - 2x^*\right) y^* \end{pmatrix} \psi^* \left(-\frac{H^*}{2}\right) \\ -\left(H^* + 2y^*\right) \begin{pmatrix} H^* \left(3\Delta p^* L^* + 4L^* p_{in}^* - 2\Delta p^* x^*\right) \\ -6\Delta p^* \left(L^* - 2x^*\right) y^* \end{pmatrix} \\ \psi\left(\frac{H^*}{2}\right) + 8H^{*2} \left(L^* p_{in}^* + \Delta p^* x^*\right) \psi^*(y^*) \end{pmatrix} \end{array} \right)$$

[6.11（a）]

$$p_1^* = \frac{1}{8e_0 H^* L^{*2} z_v} \begin{pmatrix} e_0 H^* \left(-\Delta p^{*2} \left(H^{*2} - 8y^{*2}\right) + 2L^{*2} \left(H^{*2} M_2 + 4x^* \left(M_1 + M_2 x^*\right) - 4M_2 y^{*2}\right)\right) z_v + \\ 4\Delta p^* \Delta V^* \varepsilon_r \varepsilon_0 k_B T \left(\left(H^* - 2y^*\right) \psi^* \left(-\frac{H^*}{2}\right) + \left(H^* + 2y^*\right) \psi^* \left(\frac{H^*}{2}\right)\right) \end{pmatrix}$$

[6.11（b）]

式中：参数 M_i（$i=1,2,\cdots,9$）在附录 B 中给出。

6.2.3 电动能量转换效率

基于上述得到的流速，我们将研究黏性依赖压力效应对电动能量转换的影响。首先，用 Onsager 互易定理可以很好地描述微纳通道中电动流动的体积流量 Q^*、流向电流 I_s^*、压力差 Δp^* 和电势差 ΔV^* 之间的关系[98, 102]：

$$I_s^* = \frac{\partial I_s^*}{\partial(-\Delta p^*)}(-\Delta p^*) + \frac{\partial I_s^*}{\partial(-\Delta V^*)}(-\Delta V^*) \equiv S_{str}(-\Delta p^*) + \frac{1}{R_{ch}}(-\Delta V^*) \quad (6.12)$$

$$Q^* = \frac{\partial Q^*}{\partial(-\Delta p^*)}(-\Delta p^*) + \frac{\partial Q^*}{\partial(-\Delta V^*)}(-\Delta V^*) \equiv \frac{1}{Z_{ch}}(-\Delta p^*) + S_{str}(-\Delta V^*) \quad (6.13)$$

式中：S_{str} 为流体电导；R_{ch} 为纳米通道的电阻；Z_{ch} 为纳米通道的流动阻抗。

电动能量转换系统可以看作将机械能转换成电能的装置。因此，输入功率和输出功率可以分别表示为

$$P_{in}^* = Q^*(-\Delta p^*), \quad P_{out}^* = I_s^*(\Delta V^*) \quad (6.14)$$

电动能量转换效率可以定义为输出功率与输入功率之比：

$$\xi = \frac{P_{out}^*}{P_{in}^*} \quad (6.15)$$

此外，当压力差固定时，纳米通道两端的电势差可以达到平衡[101]：

$$\Delta V^* = -\frac{S_{str}\Delta p^*(R_{ch}R_L)}{R_{ch} + R_L} \quad (6.16)$$

式中：R_L 为图 6.1 所示的外负载电阻。当外部负载的电阻连接到纳米通道时，我们可以预测输出功率和转换效率的最大值。在接下来的过程中，反复使用输出功率和转换效率的表达式，当 $R_L = R_{ch}$ 时，最大输出功率为

$$P_{max}^* = \frac{\alpha}{4}\frac{\Delta p^{*2}}{Z_{ch}} \quad [6.17(a)]$$

相应的最大能量转换效率为

$$\xi_{max} = \frac{\alpha}{2(2-\alpha)} \quad [6.17(b)]$$

当 $R_L = \dfrac{R_{ch}}{\sqrt{1-\alpha}}$ 时，最大的能量转换效率为

$$\xi_{max} = \frac{\alpha}{2-\alpha+2\sqrt{1-\alpha}} \quad [6.18(a)]$$

相应的最大输出功率为

$$P_{max} = \frac{\sqrt{1-\alpha}\left(1-\sqrt{1-\alpha}\right)^2}{\alpha}\frac{\Delta p^{*2}}{Z_{ch}} \quad [6.18(b)]$$

第 6 章 黏性依赖压力条件下牛顿流体在壁面为高 Zeta 势的微流控装置中的电动流动和能量转换

式中：$\alpha \equiv S_{\text{str}}^2 Z_{\text{ch}} R_{\text{ch}}$ 为电动能量转换达到最大时的值[98, 101]。当 α 较小时，由式（6.17）和式（6.18）得到的输出功率和转换效率值几乎相同[117]。本章使用了式 [6.17（b）] 中的最大转换效率。首先计算 S_{str}、R_{ch} 和 Z_{ch}，才能获得最大的输出功率和转换效率。根据零阶和一阶速度，我们可以计算相应的体积流量：

$$Q_0^* = -\frac{\Delta p^* H^{*3} W^*}{12 \eta_0^* L^*} - \frac{\Delta V^* \varepsilon_r \varepsilon_0 k_B T^* W^* M_3}{e_0 \eta_0^* L^* z_v} + \frac{\Delta V^* \varepsilon_r \varepsilon_0 H^* \psi^*\left(\dfrac{H^*}{2}\right) k_B T W^*}{e_0 \eta_0^* L^* z_v} \quad (6.19)$$

$$Q_1^* = \frac{W^*}{L^*} \left(\begin{array}{l} \dfrac{\Delta V^* \varepsilon_r \varepsilon_0 M_3 k_B T \left(\Delta p^* + 2 p_{\text{in}}^*\right)}{2 e_0 \eta_0^* z_v} + \dfrac{H^* \left(\Delta p^* + 2 p_{\text{in}}^*\right)}{24 e_0 \eta_0^* z_v} \cdot \\ \left[\Delta p^* e_0 H^{*2} z_v - 6 \Delta V^* \varepsilon_r \varepsilon_0 k_B T \left(\psi^*\left(-\dfrac{H^*}{2}\right) + \psi^*\left(\dfrac{H^*}{2}\right) \right) \right] \end{array} \right) \quad (6.20)$$

然后，将式（6.19）和式（6.20）代入式（6.13），可以得到

$$\frac{1}{Z_{\text{ch}}} = \frac{H^{*3} W^*}{12 \eta_0^* L^*} - \beta^* \frac{W^*}{L^*} \left(\begin{array}{l} \dfrac{H^*\left[\Delta p^* e_0 H^{*2} z_v - 6\Delta V^* \varepsilon_r \varepsilon_0 k_B T\left(\psi^*\left(-\dfrac{H^*}{2}\right)+\psi^*\left(\dfrac{H^*}{2}\right)\right)\right]}{24 e_0 \eta_0^* z_v} \\ + \dfrac{H^{*3}\left(\Delta p^* + 2 p_{\text{in}}^*\right)}{24 \eta_0^*} + \dfrac{\Delta V^* \varepsilon_r \varepsilon_0 M_3 k_B T}{2 e_0 \eta_0^* z_v} \end{array} \right)$$

$$(6.21)$$

$$S_{\text{str}} = \frac{\varepsilon_r \varepsilon_0 k_B T W^* M_3}{e_0 \eta_0^* L^* z_v} - \frac{\varepsilon_r \varepsilon_0 H^* \psi^*\left(\dfrac{H^*}{2}\right) k_B T W^*}{e_0 \eta_0^* L^* z_v}$$

$$- \beta^* \frac{W^*}{L^*} \left(\begin{array}{l} \dfrac{\varepsilon_r \varepsilon_0 M_3 k_B T \left(\Delta p^* + 2 p_{\text{in}}^*\right)}{2 e_0 \eta_0^* z_v} \\ - \dfrac{\varepsilon_r \varepsilon_0 H^* k_B T \left(\Delta p^* + 2 p_{\text{in}}^*\right)\left(\psi^*\left(-\dfrac{H^*}{2}\right)+\psi^*\left(\dfrac{H^*}{2}\right)\right)}{4 e_0 \eta_0^* z_v} \end{array} \right)$$

$$(6.22)$$

另外，电流密度可以表示为[117]

$$i = -\frac{2e_0^2 z_v^2 D n_\infty}{k_B T}\cosh\left(\frac{e_0 z_v \psi^*}{k_B T}\right)\frac{\Delta V^*}{L^*} + \rho_e u^* \quad (6.23)$$

式中：D 是离子扩散系数。这样就可以计算出零阶和一阶流向电流：

$$I_{s_0}^* = W^* M_4 \frac{\Delta p^* \varepsilon_r \varepsilon_0 k_B T \kappa^2}{8 e_0 \eta_0^* L^* z_v} + W^* \Delta V^* \left(-\frac{2 D n_\infty e_0^2 z_v^2}{k_B T L^*} M_5 - \frac{\varepsilon_r^2 \varepsilon_0^2 k_B^2 T^2 \kappa^2 \psi^*\left(\frac{H^*}{2}\right)}{e_0^2 \eta_0^* z_v^2 L^*} M_6 \right. \\ \left. + \frac{\varepsilon_r^2 \varepsilon_0^2 k_B^2 T^2 \kappa^2}{e_0^2 z_v^2 \eta_0^* L^*} M_7 \right)$$

$$(6.24)$$

$$I_{s_1}^* = -\frac{\Delta p^* \varepsilon_r \varepsilon_0 \kappa^2 k_B T W^* M_4 \left(\Delta p^* + 2 p_{in}^*\right)}{16 e_0 z_v \eta_0^* L^* z_v}$$

$$-\frac{\Delta V^* \varepsilon_r \varepsilon_0 \kappa^2 k_B T W^*}{e_0 z_v L^*}\left(\frac{\varepsilon_r \varepsilon_0 k_B T M_7 \left(\Delta p^* + 2 p_{in}^*\right)}{2 e_0 z_v \eta_0^*} \right. \\ \left. - \frac{\varepsilon_r \varepsilon_0 k_B T \psi^*\left(\frac{H^*}{2}\right)(M_8 + M_9)\left(\Delta p^* + 2 p_{in}^*\right)}{4 e_0 z_v \eta_0^* H^*} \right)$$

$$(6.25)$$

同理，将式（6.24）和式（6.25）代入式（6.12），可得

$$\frac{1}{R_{ch}} = -W^*\left(\frac{\varepsilon_r^2 \varepsilon_0^2 k_B^2 T^2 \kappa^2 M_7}{e_0^2 z_v^2 \eta_0^* L^*} - \frac{\varepsilon_r^2 \varepsilon_0^2 k_B^2 T^2 \kappa^2 M_6 \psi^*\left(\frac{H^*}{2}\right)}{e_0^2 z_v^2 \eta_0^* L^*} - \frac{2 D n_\infty e_0^2 z_v^2 M_5}{k_B T L^*} \right)$$

$$+ \beta^* \frac{\varepsilon_r \varepsilon_0 \kappa^2 k_B T W^*}{e_0 z_v L^*}\left(\frac{\varepsilon_r \varepsilon_0 k_B T M_7 \left(\Delta p^* + 2 p_{in}^*\right)}{2 e_0 z_v \eta_0^*} \right. \\ \left. - \frac{\varepsilon_r \varepsilon_0 k_B T \psi^*\left(\frac{H^*}{2}\right)(M_8 + M_9)\left(\Delta p^* + 2 p_{in}^*\right)}{4 e_0 z_v \eta_0^* H^*} \right)$$

$$(6.26)$$

式中：M_i（$i=1$，2，…，9）在附录 B 中给出。不难看出，S_{str}，R_{ch} 和 Z_{ch} 这三个重要参数由两部分组成。这两个部分分别由黏性依赖压力引起和黏性不依赖压力引起。

6.3 结果与讨论

6.3.1 结果验证

为了验证渐近解的正确性，我们将现有结果与文献中已有结果进行了对比[101]。他们的研究考虑恒定黏性条件下流体通过纳米通道的最大能量转换效率。因此，当压力黏性系数固定为零时，本章理论模型可以还原到他们的理论模型。图 6.2 为最大转换效率随盐浓度的变化情况。可以观察到很好的一致。此外，还应给出一些具体参数物理性质。其中，相对介电常数 $\varepsilon_r=79$，真空介电常数 $\varepsilon_0 = 8.854 \times 10^{-12}$ C/(V·m)，玻尔兹曼常数 $k_B=1.381 \times 10^{-23}$ (J·L)/(mol·K)，当黏性不依赖压力时，流体黏性 $\eta_0^*=0.93 \times 10^{-3}$ Pas，电子电荷 $e=1.6 \times 10^{-19}$ C，绝对温度 $T = 296.15$ K，对称电解质溶液中的离子化合价为 $z=1$，离子扩散系数 $D=1.87 \times 10^{-9}$ m²/s，通道长度和宽度分别为 4.5 mm 和 50 μm。接下来，基于上述渐近解，我们将给出黏性依赖压力效应对最大转换效率的影响。

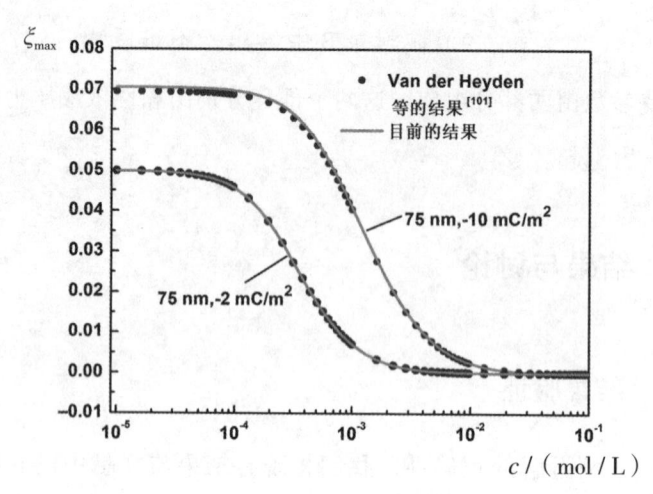

图 6.2　当 H^*=75 nm 时，不同表面电荷密度下最大转换效率与盐浓度的关系

6.3.2　结果讨论

在图 6.3 中，我们考虑了在给定的压力黏性系数条件下，最大转换效率在不同纳米通道和表面电荷密度下随盐浓度的变化情况。从图 6.3 中可以看出，随着盐浓度的降低，最大转换效率会提高。当通道高度为 H^*=75 nm 时，最大转换效率在低盐浓度下最高。造成这一现象的原因是共向离子不能通过流向电流提高输出功率，但它可以通过离子传输提供额外的功率耗散途径。此外，高盐浓度会导致双电层变薄。在这种情况下，自由离子可能被吸附在带电的通道壁面上，导致流向电流减少。因此，在高盐浓度下，最大转换效率很低。当 H^*=490 nm 时，在足够低的盐浓度下也可以获得峰值效率，这与 Van der Heyden 等[101]给出的结果一致。此外，最大转换效率在很大程度上同时取决于通道高度和表面密度。例如，当 H^*=75 nm 时，最大转换效率随表面电荷密度的增加而增加。当 H^*=490 nm 时，在中等浓度下，高表面电荷密度可以进一步提高最大效率；但在高浓度下，可以观察到相反的变化趋势。

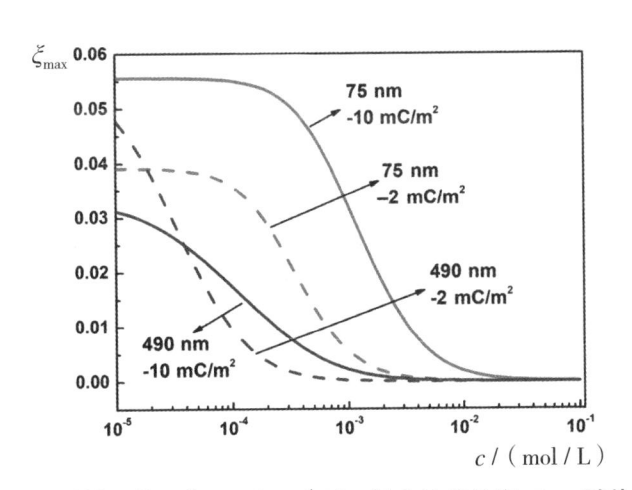

图 6.3 当压力黏性系数 β^*=7.9 GPa^{-1} 时，最大转换效率 ξ_{max} 随盐浓度的变化

图 6.4 显示了不同纳米通道中压力黏性系数对最大转换效率的影响。我们给出了考虑和不考虑黏性依赖压力效应的最大转换效率。结果表明，当黏性依赖压力效应存在时，随着盐浓度的降低，最大效率也呈上升的趋势。当 H^*=75 nm 和 490 nm 时，考虑黏性依赖压力效应，最大转换效率降低，这是因为流向电流的减少。虽然没有给出纳米通道中电阻 R_{ch}、流体阻抗 Z_{ch} 以及流向电流 S_{str} 随盐浓度的变化，但当计算最大效率时，我们发现当压力黏性系数 β^* 从 0 变化到 7.9 GPa^{-1} 时，流向电流实际上在减少。这种减少会导致最大转换效率的降低。当 $\beta^* \neq 0$ 时，流体黏性增强。较强的流体黏性会导致通道两端的电势差较小[94]。因此，输出功率和转换效率都在降低。此外，从图 6.5 中可以看出，随着压力黏性系数的增强，最大效率呈下降趋势。在低盐浓度下，这种下降趋势更为明显。

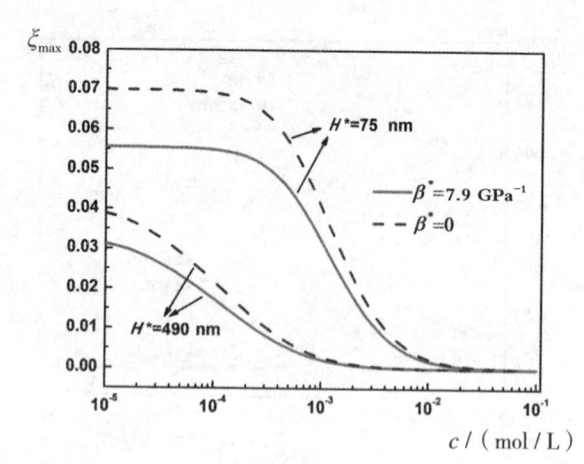

图 6.4 最大转换效率在黏性依赖压力和黏性不依赖压力条件下随浓度的变化趋势

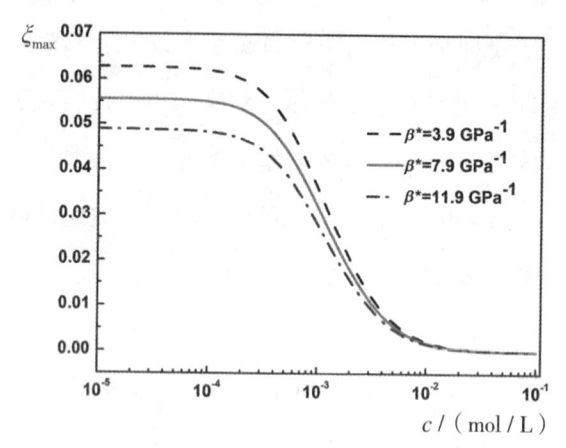

图 6.5 不同压力黏性系数下，最大能量转化效率随盐浓度的变化

(H^*=75 nm，σ= −10 mC/m²)

对于润滑剂、聚合物熔体和矿物油，压力黏性系数的值在 10^{-70}GPa⁻¹ 范围内[141]。在图 6.6 中，我们给出了最大转换效率随压力黏性系数的变化。结果表明，在一定的盐浓度下，最大转换效率随压力黏性系数的增大而单调降低，在压力黏性系数 β^* 固定的情况下，低盐浓度可以提高最大转换效率。此外，我们还比较了忽略（β^*=0）和考虑黏性依赖压力效应（$\beta^* \neq 0$）时的最大转换效率。可以发现，当考虑黏性依赖压力效应时，最大转换效率比较低。

图 6.6 最大转换效率随压力黏性系数的变化

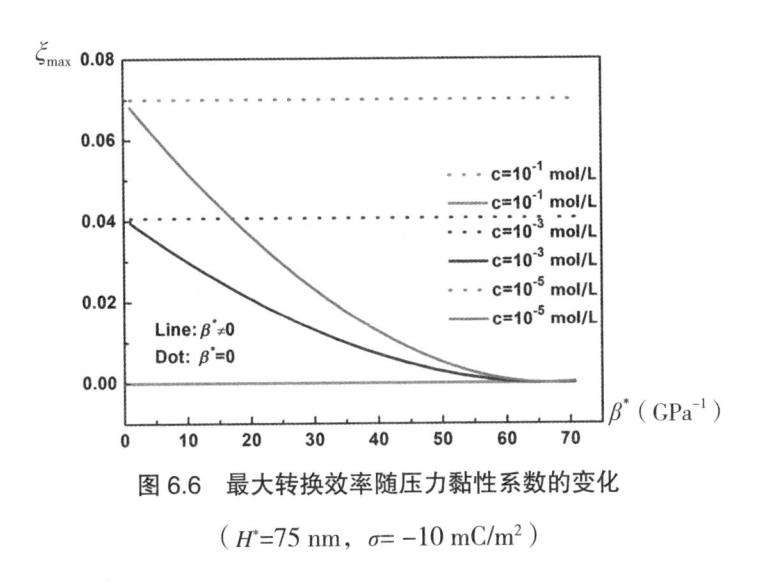

(H^*=75 nm，σ= –10 mC/m^2)

6.4 本章小结

本章研究了高压驱动下牛顿流体在微流控装置中的电动流动和电动能量转换效率。目前的能量转换系统可以将机械能转换为可用的电能。与传统恒定黏性的低压驱动流不同，我们通过假设流体黏性依赖压力，再利用一维泊松－玻尔兹曼方程和二维流体控制方程计算电动流动行为。当考虑黏性依赖压力效应时，由于流体黏性未知，我们可以得到一个非线性控制方程。因此，我们利用摄动法求解流动速度和压力。根据得到的速度和压力，我们通过热力学分析计算出最大转换效率。

计算结果表明，最大转换效率随盐浓度的降低而增强，在足够低的盐浓度下也能达到转换效率的最大值。对于给定的盐浓度，最大转换效率随压力黏性系数的增大而降低。在能量转换的理论研究中，降低转换效率是不可取的。因此，在以往的低压驱动流中，人们更多关注的是提高能量转换效率的方法。然而，我们应该注意到，高压驱动的流动在工程应用中通常使用润滑剂、聚合物熔体和矿物油。这些工作流体一般表现出非牛顿流体的行为。非牛顿流体是否能够提高能量转换效率，需要在未来的工作中进一步研究。除了能量转换效率问题外，根据得到的速度和压力的渐近解，理解高压驱动流中的电动输运也具有意义。

第 7 章　结论与展望

7.1　全书总结

本书以近年来提出的压力驱动的流向势为背景，研究了微流体装置中黏性依赖压力条件下流体的电动流动及电动能量转换等问题。本书利用摄动法，开展压力驱动作用下圆柱形纳米通道中牛顿流体的电动流动和能量转换效率的研究，探索压力黏性系数对流向势、速度、黏性以及电动能量转换效率的影响。由于牛顿流体在微纳米通道的电动能量转换效率非常低，因此需要探索一些提高转换效率的方法，包括采用黏弹性流体、利用滑移通道，以及研究壁面为高 Zeta 势下的电动流动。研究发现，黏性依赖压力条件下滑移通道以及低的盐浓度可以提高纳米通道中的能量转换效率。基于这一现状，本书在经典的微纳米通道中研究牛顿流体、黏弹性流体以及壁面为高 Zeta 势下的电动流动，来探索能否进一步提高能量转换效率。主要结论如下。

（1）黏性依赖压力条件下牛顿流体的电动流动和能量转换：①压力黏性系数的增大能够使得流向势的值减小；②压力黏性系数的增大能够导

致压力和流体黏性增强；③压力黏性系数的增大使得电动能量转换效率降低。

（2）黏性依赖压力条件下黏弹性流体的电动流动和能量转换：①对于不同的 Weissenberg 数，流向势随着压力黏性系数的变化呈现出不同的趋势。具体来说，当 Weissenberg 超过临界值时，流向势随着压力黏性系数的增大呈下降趋势。相反，可以得到一个上升的趋势。在给出其他参数的情况下，可以确定 Weissenberg 数的临界值。该临界值可以帮助我们选择合适的黏弹性流体，从而获得较高的流向势。②流动速度会随着松弛时间的增加从抛物线形变成振荡形。③随着 Weissenberg 数和压力黏性系数的增大，平均压力也随之增大。此外，还可以获得一个最佳的无量纲电动宽度，可获得最大平均压力。④电动能量转换效率随 Weissenberg 数的增大而降低。

（3）黏性和松弛时间依赖压力条件下黏弹性流体在滑移纳米通道中的电动流动和能量转换：①流向势的值随着松弛系数的增大而减小，随着滑移长度的增加而增大。②当松弛系数增加时，垂直方向的速度降低；轴向的速度在靠近壁面处降低，在中心处提高。轴向速度分布为简单的抛物线形并且在轴向速度偏离中会出现振荡变化。③流体黏性与松弛时间随松弛系数的增大而增强，但随滑移长度的增加而减弱。④松弛系数的增大可以导致电动能量转换效率的降低。⑤滑移长度的增加可以提高黏弹性流体的电动能量转换效率。

（4）黏性依赖压力条件下牛顿流体在高 Zeta 势下的电动流动和能量转换：①最大转换效率随盐浓度的降低而提高，在足够低的盐浓度下也能达到转换效率的最大值；②对于给定的盐浓度，最大转换效率随压力黏性系数的增强而降低。

7.2 展望

本书以黏性依赖压力条件下流体在微流体装置中压力驱动的电动流动为背景，研究了黏性依赖压力条件下流体的电动流动及能量转换等问题，最终也获得了提高转换效率的办法。所取得的结论有助于理解黏性依赖压力的相关问题，但是对于黏性依赖压力条件下流体的流动问题仍然有很多工作需要进一步探究，具体如下。

（1）根据流体物理性质的不同，本书主要讨论牛顿流体和Maxwell流体，其实还可以研究其他非牛顿流体，如PTT流体、幂律流体、二级流体、三级流体等，并且讨论黏性依赖压力条件下相应的物理特性对电动流动的影响。

（2）本书在所考虑的黏性依赖压力的流体的流动系统中，滑移长度是常数；但在实际的高压应用中，滑移长度可能也会随压力发生变化。在此基础上，将无滑移条件修正为滑移系数随压力变化的滑移边界条件，进而研究压力滑移系数对电动能量转换效率的影响。

（3）在微通道内的电动传输过程中，为了提高电动能量转换效率，通常在壁面处镀造一层薄的包含特殊类离子的聚合物电解质材料，由此形成的微纳通道被称为柔性通道。这种包含特殊类离子的薄层会极大地改变双电层电势分布，影响微通道中的流场和流向势分布，进而改变电动能量转换效率。因此，还可以研究柔性微通道中物性参数随压力变化时牛顿流体以及非牛顿流体的电动能量转换，并与已有的结果相比较。

（4）目前讨论的都是黏性依赖压力条件下流体的电动能量转换问题。实际上，也可以研究黏性依赖压下牛顿流体和非牛顿流体的电动流动与传热问题，讨论压力黏性系数对流动过程中温度的影响。

参考文献

[1] ŽNIDARŠIČ-PLAZL P, PLAZL I. Steroid extraction in a microchannel system-mathematical modeling and experiments[J]. Lab Chip, 2007, 7: 883-889.

[2] STONE H A, STROOCK A D, AJDARI A. Engineering flows in small devices: microfluidics toward a lab-on-a-chip[J]. Annu Rev Fluid Mech, 2004, 36: 381-411.

[3] VERPOORTE E. Microfluidic chips for clinical and forensic analysis[J]. Electrophoresis, 2002, 23(5): 677-712.

[4] LAVAN D A, MCGUIRE T, LANGER R. Small-scale systems for in vivo drug delivery[J]. Nat Biotechnol, 2003, 21: 1184-1191.

[5] CHEN J, CHU M, KOULAJIAN K, et al. Amonolithic polymeric microdevice for pH-responsive drug delivery[J]. Biomed microdevices, 2009, 11: 1251-1257.

[6] TAYLOR M T, NGUYEN P, CHING J, et al. Simulation of microfluidic

pumping in a genomic DNA blood-processing cassette [J]. J Micromech Microeng, 2003, 13(2): 201-208.

[7] YEO L Y, CHANG H C, CHAN P P Y, et al. Microfluidic devices for bioapplications [J]. Small, 2011, 7: 12-48.

[8] HAN J, CRAIGHEAD H G. Separation of long DNA Molecules in a microfabricated entropic trap array [J]. Science, 2000, 288: 1026-1029.

[9] HUANG L R, COX E C, AUSTIN R H, et al. Continuous particle separation through deterministic lateral Displacement [J]. Science, 2004, 304: 987-990.

[10] OLTHUIS W, SCHIPPERS B, EIJKEL J, et al. Energy from streaming current and potential [J]. Sensor Actuat B-Chem, 2005, 111-112: 385-389.

[11] GILLESPIE D. High energy conversion efficiency in nanofluidic channels [J]. Nano Lett, 2012, 12: 1410-1416.

[12] ABHARI F, JAAFAR H, YUNUS N A M. A comprehensive study of micropumps technologies [J]. Int J Electrochem Sci, 2012, 7: 9765-9780.

[13] DING X Y, LI P, LIN S C S, et al. Surface acoustic wave microfluidics [J]. Lab Chip, 2013, 13: 3626-3649.

[14] JIAN Y J. Transient MHD heat transfer and entropy generation in a microparallel channel combined with pressure and electroosmotic effects [J]. Int J Heat Mass Transf, 2015, 89: 193-205.

[15] JACOBSON S C, MCKNIGHT T E, RAMSEY J M. Microfuidic devices for electrokinetically driven parallel and serial mixing [J]. Anal

Chem, 1999, 71: 4455-4459.

[16] BROWN M A, GOEL A, ABBAS Z. Effect of electrolyte concentration on the stern layer thickness at a charged interface [J]. Angew Chem Int Ed, 2016, 55: 3790-3794.

[17] HATSUKI R, YUJIRO F, YAMAMOTO T. Direct measurement of electric double layer in a nanochannel by electrical impedance spectroscopy [J].Microfuid Nanofuid, 2013, 14: 983-988.

[18] LI P C H, HARRISON D J. Transport, manipulation, and reaction of biological cells on-chip using electrokinetic effects [J]. Anal Chem, 1997, 69: 1564-1568.

[19] PAUL P H, GARGUILO M G, RAKESTRAW D J. Imaging of pressureand electrokinetically driven fows through open capillaries [J]. Anal Chem, 1998, 70: 2459-2467.

[20] CHOI Y S, KIM S J. Electrokinetic flow-induced currents in silica nanofuidic channels [J]. J Colloid Interf Sci, 2009, 333: 672-678.

[21] KIM II S, KIM S J. Analysis of the electroviscous effects on pressure-driven flow in nanochannels using effective ionic concentrations [J]. Microfuid Nanofuid, 2018, 22: 12.

[22] SCHOCH R B, HAN J Y, RENAUD P. Transport phenomena in nanofluidics [J]. Rev Mod Phys, 2008, 80: 839-883.

[23] CHAKRABORTY S, SRIVASTAVA A K. Generalized model for time periodic electroosmotic flows with overlapping electrical double layers [J]. Langmuir, 2007, 23: 12421-12428.

[24] HAYWOOD D G, SAHA-SHAH A, BAKER L A, et al. Fundamental

studies of nanofluidics: nanopores, nanochannels, and nanopipets [J]. Anal Chem, 2015, 87: 172-187.

[25] 吴健康, 龚磊, 陈波, 等. 微/纳流控系统电渗流研究进展 [J]. 力学进展, 2009, 39: 555-565.

[26] HUNTER R J. Zeta potential in colloid science [M]. London: Academic Press, 1981.

[27] 李葵英. 界面与胶体的物理化学 [M]. 哈尔滨: 哈尔滨工业大学出版社, 1998.

[28] ANDERSEN M B, BRUUS H, BARDHAN J P, et al. Streaming current and wall dissolution over 48h in silica nanochannels [J]. J Colloid Interf Sci, 2011, 360: 262-271.

[29] MASLIYAH J H, BHATTACHARHEE S. Electrokinetic and colloid transport phenomena [M]. John Wiley & Sons, Inc., 2006.

[30] CHANG C C, YANG R J. A perspective on streaming current in silica nanofluidic channels: Poissone Boltzmann model versus Poissone Nernste Planck model [J]. J Colloid Interf Sci, 2009, 339: 517-520.

[31] REN L, LI D, QU W. Electroviscous effects on liquid flow in microchannels [J]. J Colloid Interf Sci, 2001, 233: 12-22.

[32] JING D L, BHUSHAN B. Electroviscous effect on fluid drag in a microchannel with large zeta potential [J]. Beilstein J Nanotech, 2015, 6: 2207-2216.

[33] ZHAO Q, XU H, TAO L. Nanofluid flow and heat transfer in a microchannel with interfacial electrokinetic effects [J]. Int J Heat Mass Transf, 2018, 124: 158-167.

[34] JING D, PAN Y, WANG X. The non-monotonic overlapping EDL-induced electroviscous effect with surface charge-dependent slip and its size dependence [J]. Int J Heat Mass Transf, 2017, 113: 32-39.

[35] CHANG C C, YANG R J. Electrokinetic energy conversion efficiency in ion-selective nanopores [J]. Appl Phys Lett, 2011, 99: 083102.

[36] PATWARY J, CHEN G, DAS S. Efficient electrochemomechanical energy conversion in nanochannels grafted with polyelectrolyte layers with pH-dependent charge density [J]. Microfluid Nanofluid, 2016, 20: 37.

[37] MUNSHI F, CHAKRABORTY S. Hydroelectrical energy conversion in narrow confinements in the presence of transverse magnetic fields with electrokinetic effects [J]. Phys Fluids, 2009, 21: 122003.

[38] VAN DER HEYDEN F H J, BONTHUIS D J, STEIN D, et al. Power generation by pressure-driven transport of ions in Nanofluidic Channels [J]. Nano Lett, 2007, 7: 1022-1025.

[39] QUINCKE G. Concerning a new type of electrical current [J]. Annalen der physik, 1859, 107 (2): 1-47.

[40] HELMHOLTZ H L F. Studies of electric boundary layers [J]. Wied Ann, 1879, 7: 337-382.

[41] PERRIN J. Mécanisme de lélectrisation de contact et solutions colloidales [J]. J Chim Phys, 1904, 2: 601-651.

[42] WHITE H, URBAN F, KRICK E T. Stream potential determinations on glass capillaries of various sizes [J]. J Phys Chem, 1932, 36: 120-129.

[43] AHMAD M U. A laboratory study of streaming potentials [J]. Geophys Prospect, 1964, 12: 49-64.

[44] CHUN M S. Electrokinetic flow velocity in charged slit-like microfluidic channels with linearized Poisson-Boltzmann field [J]. Korean J Chem Eng, 2002, 19: 729-734.

[45] DELGADO A V, GONZÁLEZ-CABALLERO F, HUNTER R J, et al. Measurement and interpretation of electrokinetic phenomena [J]. Pure Appl Chem, 2005, 77: 1753-1805.

[46] MIRBOZORGI S A, NIAZmand H, RENKSIZBULUT M. Streaming electric potential in pressure-driven flows through reservoir-connected microchannels [J]. J Fluids Eng, 2007, 129: 1346-1357.

[47] CHAKRABORTY S, DAS S. Streaming-field-induced convective transport and its influence on the electroviscous effects in narrow fluidic confinement beyond the Debye-Huckel limit [J]. Phys Rev E, 2008, 77: 037303.

[48] SOONG C Y, HWANG P W, WANG J C. Analysis of pressure-driven electrokinetic flows in hydrophobic microchannels with slip-dependent zeta potential [J]. Microfluid Nanofluid, 2010, 9: 211-223.

[49] PAPAUTSKY I, BRAZZLE J, AMEEL T, et al. Laminar fluid behavior in microchannels using micropolar fluid theory [J]. Sensor Actuat A-Phys, 1999, 73: 101-108.

[50] SHARP K V, ADRIAN R J. Transition from laminar to turbulent flow in liquid filled Microtubes [J]. Exp Fluids, 2004, 36: 741-747.

[51] LI Z H, ZHOU X B, ZHU S N. Flow characteristics of non-polar organic with small molecules in a microchannel [J]. Acta mechanica sinica, 2002, 34(3): 432-439.

[52] LI Z H, CUI H H. Proceeding of experiments about liquid flow through micro-tubes [J]. Int J Nonlin Sci Num, 2002, 3-4: 577-580.

[53] JUDY J, MAYNES D, WEBB B W. Characterization of frictional pressure drop for liquid flows through microchannels [J]. Int J Heat Mass Tran, 2002, 45: 3477-3489.

[54] CUI H H, SILBER-LI Z H, ZHU S N. Flow characteristics of liquids in microtubes driven by a high pressure [J]. Phys Fluids, 2004, 16(5): 1803-1810.

[55] SZERI A Z. Fluid film lubrication: Theory and Design [M]. Cambridge: Cambridge University Press, 1999.

[56] JONES W R. Pressure viscosity measurement for several lubricants [J]. ASLE Trans, 1975, 18: 249-262.

[57] BINDING D M, CHOUCH M A, WALTERS K. The pressure dependence of the shear and elongational properties of polymer melts [J]. J Non-Newton Fluid Mech, 1998, 79: 137-155.

[58] MARTINEZ-BOZA F J, MARTIN-ALFONSO M J, CALLEGOS C, et al. High pressure behavior of intermediate fuel oils [J]. Energ Fuel, 2011, 25: 5138-5144.

[59] SCHASCHKE C, FLETCHER I, GLEN N. Density and viscosity measurement of diesel fuels at combined high pressure and elevated temperature [J]. Processes, 2013, 1(2): 30-48.

[60] ROUX C L. Flow of fluids with pressure dependent viscosities in an orthogonal rheometer subject to slip boundary conditions [J]. Meccanica, 2009, 44: 71-83.

[61] DENN M M. Polymer melt processing [M]. Cambridge: Cambridge University Press, 2008.

[62] REYNOLDS C, THOMPSON R, MCLEISH T. Pressure and shear rate dependence of the viscosity and stress relaxation of polymer melts [J]. J Rheol, 2018, 62(2): 631-642.

[63] GWYNLLYWD D, DAVIES A, PHILLIPS T. On the effects of a piezoviscous lubricant on the dynamics of a journal bearing [J]. J Rheol, 1996, 40: 1239-1266.

[64] LORD H A. Flow of polymers with pressure-dependent viscosity [J]. Polym Eng Sci, 1979, 19(7): 469-473.

[65] HERNÁNDEZ A, ARCOS J, MÉNDEZ F, et al. Effect of pressure-dependent viscosity on the exiting sheet thickness in the calendering of Newtonian fluids [J]. Appl Math Model, 2013, 37: 6952-6963.

[66] PARK H E, LIM S T, LAUN H M, et al. Measurement of pressure coefficient of melt viscosity: Drag flow versus capillary flow [J]. Rheol Acta, 2001, 47: 1023-1038.

[67] RAJAGOPAL K R, SACCOMANDI G, VERGORI L. Unsteady flows of fluids with pressure-dependent viscosity [J]. J Math Anal Appl, 2013, 404: 362-372.

[68] BAIR S, KOTTKE P. Pressure-viscosity relationships for elastohydrodynamics [J]. Tribolo T, 2003, 46: 289-295.

[69] HUILGOL R R, YOU Z. On the importance of the pressure dependence of viscosity in steady nonisothermal shearing flows of compressible and incompressible fluids and in the isothermal fountain flow [J]. J Non-

Newton Fluid Mech, 2006, 136: 106-117.

[70] SINGH H, NOLLE A W. Pressure dependence of the viscoelastic behavior of polyisobutylene [J]. J Appl Phys, 1959, 30 (3): 337-341.

[71] WEERTMAN J, WHITE S, COOK A H. Creep laws for the mantle of the earth and discussion [J]. Proceedings of the royal society, series a: math-ematical&physical sciences, 1978, 288 (1350): 9-26.

[72] IVINS E R, SAMMIS C G, YODER C F. Deep mantle viscous structure with priorestimate and satellite constraint [J]. J Geophys Res, 1993, 98: 4579-4609.

[73] SAHAPHOL T, MIURA S. Shear moduli of volcanic soils [J]. Soil Dyn Earthquake Eng, 2005, 25 (2): 157-165.

[74] VINAY G, WACHS A, FRIGAARD I. Numerical simulation of weakly compressible Bingham flows: the restart of pipeline flows of waxy crude oils [J]. J Non-Newton Fluid Mech, 2006, 136: 93-105.

[75] GEORGIOU G. The time-dependent, compressible Poiseuille and extrudateswell flows of a Carreau fluid with slip at the wall [J]. J Non-Newton Fluid Mech, 2003, 109: 93-114.

[76] TANG H S, KALYON D M. Unsteady circular tube flow of compressible polymeric liquids subject to pressure-dependent wall slip [J]. J Rheol, 2008, 52: 507-525.

[77] KWON Y. On Hadamard stability for compressible viscoelastic constitutive equations [J]. J Non-Newton Fluid Mech, 1996, 65: 151-163.

[78] HOUSIADAS K D. Compressible Poiseuille flows with exponential type

pressure dependent mass density [J]. J Non-Newton Fluid Mech, 2013, 201: 94-106.

[79] TALIADOROU E G, NEOPHYTOU M, GEORGIOU G C. Perturbation solutions of Poiseuille flows of weakly compressible Newtonian liquids[J]. J Non Newton Fluid Mech, 2009, 163: 25-34.

[80] TALIADOROU E, GEORGIOU G C, MITSOULIS E. Numerical simulations of the extrusion of strongly compressible Newtonian liquids [J]. Rheol Acta, 2008, 47: 49-62.

[81] HOUSIADAS K D, GEORGIOU G C. Perturbation solution of a weakly compressible Oldroyd-B fluid [J]. J Non-Newton Fluid Mech, 2011, 166: 73-92.

[82] HOUSIADAS K D, GEORGIOU G C, MAMOUTOS I G. Laminar axisymmetric flow of a weakly compressible viscoelastic fluid [J]. Rheol Acta, 2012, 51: 511-526.

[83] GEORGIOU G C, CROCHET M J. Compressible viscous flow in slits with slip at the wall [J]. J Rheol, 1994, 38: 639-654.

[84] BELBLIDIA F, HAROON T, WEBSTER M F. The dynamics of compressible Herschel Bulkley fluids in die-swell flows [C] // Boukharouba T, Boukharouba T, Elboujdaini M, Pluvinage G. Damage and Fracture Mechanics. Berlin: Springer Science, 2009: 425-434.

[85] VENERUS D C. Laminar capillary flow of compressible viscous fluids [J]. J Fluid Mech, 2006, 555: 59-80.

[86] VENERUS D C, BUGAJSKY D J. Laminar flow in a channel [J]. Phys Fluids, 2010, 22: 046101.

[87] SCHWARTZ L W. A perturbation solution for compressible viscous channel flows [J]. J Eng Math, 1987, 21: 69-86.

[88] 邢靖楠, 菅永军. 矩形纳米管道中的电动能量转换效率 [J]. 应用数学和力学, 2016, 37: 363-372.

[89] 刘勇波, 菅永军. 具有聚电解质层圆柱形纳米通道中的电动能量转换效率 [J]. 物理学报, 2016, 65: 084704.

[90] 龚磊, 吴健康, 王蕾, 等. 微通道周期流动电位势及电黏性效应 [J]. 应用数学和力学, 2008, 29(6): 649-656.

[91] VAN DER HEYDEN F H J, STEIN D, DEKKER C. Streaming currents in a single nanofluidic channel [J]. Phys Rev Lett, 2005, 95(11): 116104.

[92] 刘莹, 谭德坤. 压力驱动微流道内流动电势及壁面滑移效应 [J]. 化工学报, 2013, 64: 1743-1749.

[93] BANDOPADHYAY A, CHAKRABORTY S. Steric-effect induced alterations in streaming potential and energy transfer efficiency of Non-Newtonian fluids in narrow confinements [J]. Langmuir, 2011, 27: 12243-12252.

[94] VASU N, DE S. Electroviscous effects in purely pressure driven flow and stationary plane analysis in electroosmotic flow of power-law fluids in a slit microchannel [J]. Int J Eng Sci, 2010, 48: 1641-1658.

[95] BANDOPADHYAY A, DHAR J, CHAKRABORTY S. Effects of solvent-mediated nonelectrostatic ion-ion interactions on a streaming potential in microchannels and nanochannels [J]. Phys Rev E, 2013, 88: 033014.

[96] 赵亮，刘林华. 电动效应下微通道内粒子运动的数值模拟 [J]. 工程热物理学报，2006，30（3）：475-478.

[97] DAIGUJI H, YANG P, SZERI A J, et al. Electrochemomechanical energy conversion in nanofluidic channels [J]. Nano Lett, 2004, 4: 2315-2321.

[98] XUAN X C, LI Q D. Thermodynamic analysis of electrokinetic energy conversion [J]. J Power Sources, 2006, 156: 677-684.

[99] KILSGARD B S, HALDRUP S, CATALANO J, et al. High figure of merit for electrokinetic energy conversion in Nafion membranes [J]. J Power Sources, 2014, 247: 235-242.

[100] MORRISON F A, OSTERLE J F. Electrokinetic energy conversion in ultrafine capillaries [J]. J Chem Phys, 1965, 43: 2111-2115.

[101] VAN DER HEYDEN F H J, BONTHUIS D J, STEIN D, et al. Electrokinetic energy conversion efficiency in nanofluidic channels [J]. Nano Lett, 2006, 6: 2232-2237.

[102] EIJKEL J. Liquid slip in micro- and nanofluidics: recent research and its possible implications [J]. Lab Chip, 2007, 7: 299-301.

[103] DAVIDSON C, XUAN X. Electrokinetic energy conversion in slip nanochannels [J]. J Power Sources, 2008, 179: 297-300.

[104] REN Y, STEIN D. Slip-enhanced electrokinetic energy conversion in nanofluidic channels [J]. Nanotechnology, 2008, 19: 195707.

[105] YANG J, LU F, KOSTIUK L W, et al. Electrokinetic microchannel battery by means of electrokinetic and microfluidic phenomena [J]. J Micromech Microeng, 2003, 13: 963-970.

[106] QIAO Y, HAN A, PUNYAMURTULA V K. Electrification of a nanoporous electrode in a continuous flow [J]. J Phys D Appl Phys, 2008, 41: 085505.

[107] BANDOPADHYAY A, CHAKRABORTY S. Electrokinetically induced alterations in dynamic response of viscoelastic fluids in narrow confinements [J].Phys Rev E, 2012, 85: 056302.

[108] BANDOPADHYAY A, CHAKRABORTY S. Giant augmentations in electro-hydro-dynamic energy conversion efficiencies of nanofluidic devices using viscoelastic fluids [J]. Appl Phys Lett, 2012, 101: 043905.

[109] CHANDA S, SINHA S, DAS S. Streaming potential and electroviscous effects in soft nanochannels: towards designing more efficient nanofluidic electrochemomechanical energy converters [J]. Soft Matter, 2014, 10: 7558-7568.

[110] CHEN G, DAS S. Streaming potential and electroviscous effects in soft nanochannels beyond Debye-Hückel linearization [J]. J Colloid Interf Sci, 2015, 445: 357-363.

[111] JIAN Y J, LI F Q, LIU Y B, et al. Electrokinetic energy conversion efficiency of viscoelastic fluids in a polyelectrolyte-grafted nanochannel [J]. Colloid Surf B, 2017, 156: 405-413.

[112] MEI L J, YEH L H, QIAN S Z. Buffer anions can enormously enhance the electrokinetic energy conversion in nanofluidics with highly overlapped double layers [J]. Nano energy, 2017, 32: 374-381.

[113] XIE Z Y, JIAN Y J. Electrokinetic energy conversion of nanofluids in

MHD-based microtube [J]. Energy, 2020, 212: 118711.

[114] LIU Y B, JIAN Y J, YANG C H. Electrochemomechanical energy conversion efficiency in curved rectangular nanochannels [J]. Energy, 2020, 198: 117401.

[115] DING Z D, JIAN Y J. Resonance behaviors in periodic viscoelastic electrokinetic flows: a universal Deborah number [J]. Phys Fluids, 2021, 33: 032023.

[116] DING Z D, JIAN Y J. Electrokinetic oscillatory flow and energy conversion of viscoelastic fluids in microchannels: a linear analysis [J]. J Fluid Mech, 2021, 919: A20.

[117] DING Z D, JIAN Y J, TAN W C. Electrokinetic energy conversion of two-layer fluids through nanofluidic channels [J]. J Fluid Mech, 2019, 863: 1062-1090.

[118] GARAI A, CHAKRABORTY S. Steric effect and slip modulated energy transfer in narrow fluidic channels with finite aspect ratios [J]. Electrophoresis, 2010, 31: 843-849.

[119] LIU Y B, JIAN Y J, YANG C H. Steric-effect-induced enhancement of electrokinetic energy conversion efficiency in curved nanochannels with rectangular sections at high zeta potentials [J]. Colloid Surface A, 2020, 591: 124558.

[120] KORANLOU A, ASHRAFIZADEH S N, SADEGHI A. Enhanced electrokinetic energy harvesting from soft nanochannels by the inclusion of ionic size [J]. J Phys D Appl Phys, 2019, 52: 155502.

[121] NGUYEN T, XIE Y, DE VREEDE L J, et al. Highly enhanced

energy conversion from the streaming current by polymer addition [J]. Lab Chip, 2013, 13: 3210-3216.

[122] BERLI C L A. Electrokinetic energy conversion in microchannels using polymer solutions [J]. J Colloid Interf Sci, 2010, 349: 446-448.

[123] BARUS C J. Isothermals, isopiestics and isometrics relative to viscosity [J]. AM J SCI, 1893, 45: 87-96.

[124] BARUS C J. Note on dependence of viscosity on pressure and temperature [J]. Proc Am Acad Arts Sci, 1891, 27: 13-18.

[125] KANNAN K, RAJAGOPAL K R. Flow through porous media due to high pressure gradients [J]. Appl Math Comput, 2008, 199: 748-759.

[126] BRIDGMAN P W. The physics of high pressure [M]. New York: Macmillan, 1931.

[127] BULÍČEK M, MÁLEK J, RAJAGOPAL K R. Mathematical analysis of unsteady flows of fluids with pressure, shear-rate, and temperature dependent material moduli that slip at solid boundaries [J]. SIAM J Math Anal, 2009, 41: 665-707.

[128] HRON J, MALER J, RAJAGOPAL K R. Simple flows of fluids with pressure-dependent viscosities [J]. Proc R Soc London Ser A, 2001, 457: 1603-1622.

[129] RENARDY M. Parallel shear flows of fluids with a pressure-dependent viscosity [J]. J Non-Newton Fluid Mech, 2003, 114: 229-236.

[130] SRINIVASAN S, RAJAGOPAL K R. Study of a variant of Stokes' first and second problems for fluids with pressure dependent viscosities [J]. Int J Eng Sci, 2009, 47: 1357-1366.

[131] RAJAGOPAL K R, SACCOMANDI G, VERGORI L. Flow of fluids with pressure and shear dependent-viscosity down an inclined plane [J]. J Fluid Mech, 2012, 706: 173-189.

[132] KALOGIROU A, POYIADJI S, GEORGIOU G C. Incompressible Poiseuille flows of Newtonian liquids with a pressure-dependent viscosity [J]. J Non-Newton Fluid Mech, 2011, 166: 413-419.

[133] SRINIVASAN S, RAJAGOPAL K R. A note on the flow of a fluid with pressure-dependent viscosity in the annulus of two infinitely long coaxial cylinders [J]. Appl Math Model, 2010, 34: 3255-3263.

[134] AKYILDIZ F T, SIGINER D. A note on the steady flow of Newtonian fluids with pressure dependent viscosity in a rectangular duct [J]. Int J Eng Sci, 2016, 104: 1-4.

[135] HOUSIADAS K D, GEORGIOU G C. Analytical solution of the flow of a Newtonian fluid with pressure-dependent viscosity in a rectangular duct [J]. Appl Math Comput, 2018, 322: 123-128.

[136] PANASETI P, HOUSIADAS K D, GEORGIOU G C. Newtonian Poiseuille flows with pressure-dependent wall slip [J]. J Rheol, 2013, 57: 315-332.

[137] KARRA S, PRUSA V, RAJAGOPAL K R. On maxwell fluids with relaxation time and viscosity depending on the pressure [J]. Int J NonLin Mech, 2011, 46: 819-827.

[138] HOUSIADAS K D. Internal viscoelastic flows for fluids with exponential type pressure dependent viscosity and relaxation time [J]. J Rheol, 2015, 59: 769-791.

[139] HOUSIADAS K D. Viscoelastic fluids with pressure-dependent viscosity; exact analytical solutions and their singularities in Poiseuille flows [J].Int J Eng Sci, 2020, 147: 103207.

[140] POYIADJI S, HOUSIADAS K D, KAOURI K, et al. Asymptotic solutions of weakly compressible Newtonian Poiseuille flows with pressure-dependent viscosity [J]. Eur J Mech B-Fluid, 2015, 49: 217-225.

[141] HOUSIADAS K D, GEORGIOU G C. New analytical solutions for weakly compressible Newtonian Poiseuille flows with pressure-dependent viscosity [J]. Int J Eng Sci, 2016, 107: 13-27.

[142] REGMI L P, ROHLF K. Weakly compressible flow through a cylinder with pressure-dependent viscosity and Navier-slip at the wall [J]. Eur J Mech B-Fluid, 2016, 60: 13-23.

[143] SILBER-LI Z H, CUI H H, TAN Y P, et al. Flow characteristics of liquid with pressure-dependent viscosities in microtubes [J]. Acta Mec Sinica, 2006, 22: 17-21.

[144] CHEN X Y, JIAN Y J, XIE Z Y. Electrokinetic flow of fluids with pressure-dependent viscosity in a nanotube [J]. Phys Fluids, 2021, 33: 122002.

[145] CHEN X Y, XIE Z Y, JIAN Y J. Streaming potential of viscoelastic fluids with the pressure-dependent viscosity in nanochannel [J]. Phys Fluids, 2024, 36: 032025.

[146] CHEN X Y, JIAN Y J, XIE Z Y. Slippery electrokinetic flow of viscoelastic fluids with pressure-dependent viscosity and relaxation time

[J]. Colloid Surface A, 2022, 639: 128354.

[147] KARNIADAKIS G, BESKOK A, ALURU N. Microflows and Nanoflows, Fundamentals and Simulation [M]. Berlin: Springer, 2006.

[148] CARRERAS E S, EL KISSI N, PIAU J M, et al. Pressure effects on viscosity and flow stability of polyethylene melts during extrusion [J]. Rheol Acta, 2006, 45: 209-222.

[149] SORRENTINO A, PANTATI R. Pressure-dependent viscosity and free volume of atactic and syndiotactic polystyrene [J]. Rheol Acta, 2009, 48: 467-478.

[150] HANDGE U A, ALTSTADT V. Viscoelastic properties of solutions of polystyrene melts and carbon dioxide: analysis of a transient shear rheology approach [J]. J Rheol, 2012, 56(4): 743-766.

[151] MÁLEK J, RAJAGOPAL K R. Mathematical properties of the solutions to the equations governing the flow of fluids with pressure and shear rate dependent viscosities [C]//Friedlander S, Serre D. Handbook of mathematical fluid dynamics. Amsterdam: Elsevier, 2007: 407-444.

[152] KOTTKE P A, BAIR S S, WINER W O. The measurement of viscosity of liquids under tension [J]. J Tribol, 2003, 125: 260-266.

[153] HOUSIADAS K D. An exact analytical solution for viscoelastic fluids with pressure-dependent viscosity [J]. J Non-Newton Fluid Mech, 2015, 223: 147-156.

附录 A

$$\begin{aligned}p_2 = &\frac{1}{6\,144K^4} A_0(z-1)(K^2(A_0^2 K^2(a^2(2-3r^2)-2(z-1)^2)\\ &+32u_s^2\psi_w^2 E_s^2(a^2(120+K^2(5+6r^2))-4K^2(z-1)^2)\\ &+4A_0 u_s\psi_w E_s(3a^2(-8+K^2(-3+4r^2))+8K^2(z-1)^2))\\ &+1/I_0(K)^2 32u_s\psi_w E_s(-K(a^2(3A_0\cdot(-2+K^2(-1+r^2))\\ &+2u_s\psi_w E_s(240+K^2(13+12r^2))+2K^2(A_0-8u_s\psi_w E_s)(z-1)^2)I_0(K)I_1(K)\\ &+u_s E_s\psi_w((a^2(480-3K^4+8K^2(4+3r^2)-16K^2(z-1)^2)I_1^2(K)\\ &-6a^2K^4 I_0(Kr)I_2(K))))\end{aligned} \qquad (\text{A.1})$$

$$u_{z_2} = \frac{A_0}{12\,288 K^4 I_0^2(K)} (K^2(a^2(A_0^2 K^2(1-4r^2+3r^4) + 24 A_0 E_s \psi_w u_s(8+K^2-4(4+K^2)r^2+3K^2 r^4) + 64 E_s^2 \psi_w^2 u_s^2(-7(24+K^2)+4(60+K^2)r^2+6K^2 r^4)) - 96 E_s K^2 \psi_w u_s(-1+2r^2)(A_0+8u_s E_s \psi_w(z-1)^2) I_0^2(K) + 16 K u_s E_s \psi_w I_0(K)(-3K(a^2(A_0(-4+K^2(r^2-1)+8u_s E_s \psi_w(12+K^2 r^2)) - 2K^2(A_0+8u_s E_s \psi_w)(z-1)^2) I_0(Kr) + (a^2(3A_0(16(r^2-1)+K^2(-3+8r^2-3r^4)) - 16 E_s \psi_w(-204+240 r^2+K^2(-7+4r^2+6r^4))u_s) + 24K^2(A_0(r^2-1)+4E_s \psi_w(-3+4r^2)u_s)(z-1)^2) I_1(K) - 6a^2 K^2 r(A_0-8u_s E_s \psi_w) I_1(Kr) + 64 u_s^2 E_s^2 \psi_w^2 (3a^2 K^2 I_0^2(Kr) + 12K(a^2(12+K^2(r^2-1)) - 2K^2(z-1)^2) I_0(Kr) I_1(K) + 2I_1(K)((a^2(480(-1+r^2) - 3K^4(-1+r^2) + 4K^2(-2+2r^2+3r^4) - 48K^2(r^2-1)(z-1)^2) I_1(K) - 12 a^2 K^2 r I_1(Kr))))$$

(A.2)

$$u_{r_2} = \frac{1}{128 K^2 I_0^2(K)} A_0 u_s E_s \psi_w (z-1)(K(A_0+8u_s E_s \psi_w) I_0(K) - 16 u_s E_s \psi_w I_1(K))(Kr(r^2-1) I_0(K) - 2r(-2+r^2) I_1(K) - 2I_1(Kr))$$

(A.3)

$$a_1 = \int_0^1 \frac{1}{24 K^4 I_0^4(K)} \beta^2 \psi_w^4 u_s^3 r I_0(Kr) \Big(K^2 \Big(8K^2(1-2r^2) + 3a^2 \Big(-48+64 r^2+K^2 \Big(-1-4r^2+6r^4 \Big) \Big) I_0^2(K) + 3a^2 K^4 I_0^2(Kr) + 8K \Big(-2K^2+3a^2 \Big(4+K^2 \Big(-1+r^2 \Big) \Big) \Big) I_0(Kr) I_1(K) + 2 \Big(-1+r^2 \Big) \Big(-32 K^2-3a^2 \Big(-128+ 3a^2 K^4 I_0^2(Kr) + 8K \Big(-2K^2+3a^2 \Big(4+K^2 \Big(-1+r^2 \Big) \Big) \Big) I_0(Kr) I_1(K) + 2K I_0(K) \Big(K \Big(4K^2+3a^2 \Big(-8+K^2-2K^2 r^2 \Big) \Big) I_0(Kr) - 4 \Big(2K^2 r^2 \Big) + K^2 \Big(4+K^2-12 r^2 \Big) \Big) I_1^2(K) + 2K I_0(K) \Big(K \Big(4K^2+3a^2 \Big(-8+K^2-2K^2 r^2 \Big) \Big) I_0(Kr) - 4 \Big(2K^2 \Big(3-4r^2 \Big) + a^2 \Big(-84+3r^2 \Big(32+3K^2 \Big(-1+r^2 \Big) \Big) \Big) \Big) I_1(K) \Big) I_2(K) \Big) dr$$

(A.4)

$$b_1 = \int_0^1 \frac{1}{24K^4 I_0^3(K)} \beta \psi_w^3 u_s^2 r I_0(Kr) \Big(K^2 \big(12(-1+\beta) K^2 (1-2r^2) + a^2\beta \big(24(-5+6r^2) + K^2 (2-32r^2 + 33r^4)\big)\big) I_0^2(K) + 3a^2\beta K^4 I_0^2(Kr) + 12\big(-2(-1+\beta) K^3 + a^2\beta K \big(4 + 3K^2(-1+r^2)\big)\big) I_0(Kr) I_1(K) + 2\big(-48(-1+\beta) K^2(-1+r^2) + a^2\beta \big(288(-1+r^2) - 3K^4(-1+r^2) + 2K^2(17 - 56r^2 + 33r^4)\big)\big) I_1^2(K) + 2K I_0(K) \big(-3K\big(-2(-1+\beta) K^2 + a^2\beta \big(4 + K^2(-2+3r^2)\big)\big) I_0(Kr) - 2\big(6(-1+\beta) K^2(3-4r^2) + a^2\beta(-132 + 144r^2 + K^2(8 - 44r^2 + 33r^4)\big)\big) I_1(K) - 12 a^2\beta K^3 r I_1(Kr) I_2(K) \Big) dr \qquad (A.5)$$

$$c_1 = \int_0^1 \frac{1}{12 K^3 I_0(K)^2} \psi_w^2 r u_s I_0(Kr) \Big(K\big(-2(6+(-3+\beta))\beta) K^2(-1+2r^2) + 3a^2\beta^2 \big(4 + K^2 - 4r^2(2+K^2)\big) + 3K^2 r^4\big)\big) I_0(K) + \big(2(6+(-3+\beta)) K^3 + 3a^2\beta^2 K \big(4 + K^2 - 4K^2 r^2\big)\big) I_0(Kr) - 2\big(-4(6+(-3+\beta) K^2\big) I_1(K) - 6 a^2\beta^2 K^2 r I_1(Kr) \Big) dr \qquad (A.6)$$

$$(-1 + r^2) + 3a^2\beta^2 \big(8 - 8r^2 + K^2(2 - 6r^2 + 3r^4)\big)\big) I_1(K) - 6a^2\beta^2 K^2 r I_1(Kr)\Big) dr$$

$$d_1 = \int_0^1 \frac{I_0(Kr)}{I_0(K)} \psi_w r \left(\frac{a^2\beta^2}{24} - \frac{1}{6} a^2\beta^2 r^2 + \frac{1}{8} a^2\beta^2 r^4 + 2(1 - r^2) \right) dr \qquad (A.7)$$

附录 B

$$M_1 = -\frac{1}{4e_0 H^{*3} L^* z_v} \begin{Bmatrix} 48\Delta p^* \Delta V^* \varepsilon_r \varepsilon_0 k_B T M_3 + \Delta p^{*2} e_0 H^{*3} z_v - 12\Delta p^* \Delta V^* \varepsilon_r \varepsilon_0 k_B T H^* \psi\left(-\dfrac{H^*}{2}\right) \\ -12\Delta p^* \Delta V^* \varepsilon_r \varepsilon_0 H^* k_B T \psi\left(\dfrac{H^*}{2}\right) \end{Bmatrix}$$

$$M_2 = -\frac{1}{4e_0 H^{*3} L^* z_v} \begin{Bmatrix} 48\Delta p^* \Delta V^* \varepsilon_r \varepsilon_0 k_B T M_3 - \Delta p^{*2} e_0 H^{*3} z_v + 12\Delta p^* \Delta V^* \varepsilon_r \varepsilon_0 H^* k_B T \psi\left(-\dfrac{H^*}{2}\right) \\ +12\Delta p^* \Delta V^* \varepsilon_r \varepsilon_0 h k_B T \psi\left(\dfrac{H^*}{2}\right) \end{Bmatrix}$$

(B.1)

$$M_3 = H^* \int_{-\frac{1}{2}}^{\frac{1}{2}} \psi^* \mathrm{d}y^* \tag{B.2}$$

$$M_4 = H^{*3} \int_{-\frac{1}{2}}^{\frac{1}{2}} \left(1 - 4\left(\frac{y^*}{H^*}\right)^2\right) \sinh(\psi^*) \mathrm{d}y^* \tag{B.3}$$

$$M_5 = H^* \int_{-\frac{1}{2}}^{\frac{1}{2}} \cosh(\psi^*) \mathrm{d}y^* \tag{B.4}$$

$$M_6 = H^* \int_{-\frac{1}{2}}^{\frac{1}{2}} \sinh(\psi^*) \mathrm{d}y^* \tag{B.5}$$

$$M_7 = H^* \int_{-\frac{1}{2}}^{\frac{1}{2}} \sinh(\psi^*) \psi^* \mathrm{d}y^* \tag{B.6}$$

$$M_8 = H^{*2} \int_{-\frac{1}{2}}^{\frac{1}{2}} \left(1 - 2\left(\frac{y^*}{H^*}\right)\right) \sinh(\psi^*) \mathrm{d}y^* \tag{B.7}$$

$$M_9 = H^{*2} \int_{-\frac{1}{2}}^{\frac{1}{2}} \left(1 + 2\left(\frac{y^*}{H^*}\right)\right) \sinh(\psi^*) \mathrm{d}y^* \tag{B.8}$$

后　记

　　本书的顺利完成，凝结着创作团队的集体智慧与辛勤耕耘。主要由内蒙古工业大学理学院数学系陈星宇老师作为核心负责人，全面主持并完成了著作的编撰工作。第一作者陈星宇独立承担了全书从框架设计到具体编写的全部创作任务，负责第一章至第七章共计 11 万余字的内容撰写工作，系统性地完成了整部著作的编撰工作。在编写过程中，第二作者解智勇副教授和第三作者菅永军教授为本书的完善做出了重要贡献。两位专家不仅提出了诸多具有建设性的修改意见，更全程参与了文稿的修订与校审工作，在内容完善和文字把关方面倾注了大量心血。

　　本书从最初的选题构思到最终成稿，历经了严谨的系统的研究过程。在前期阶段进行了全面的文献梳理与理论框架构建，在研究过程中开展了深入的理论探讨与多维度实证验证，在撰写阶段对每个论证环节都进行了反复推敲与精心打磨，确保研究成果的科学性与严谨性。

　　本书的顺利完成与出版得益于多方的鼎力支持与帮助，在此谨致以最诚挚的谢意：首先，衷心感谢内蒙古自然科学基金、2022年度内蒙古自治区人才引进支持项目以及内蒙古工业大学博士科研启动金等科研项目的资助。其次，特别感谢内蒙古工业大学理学院李海滨院长、刘全龙副院长、崔继峰副院长等领导团队的全力支持，同时由衷感激赵光普副教授、宋健教授、陈小刚教授、周凤玲副教授、侯雅馨副教授、董小梅、刘海英、唐斯琴等同仁在编写过程中给予的专业指导与宝贵建议。最后，谨向所有为本书提供帮助的学术界前辈与同行专家致以崇高的敬意与谢意。我们始终秉持严谨求实的学术态度，在确保理论准确性的基础上，力求实现学术深度与表达可读性的完美结合。

此外，还要感谢那些为本书提供实验数据和理论数据的科研机构和学者。他们的研究成果为本书提供了坚实的理论基础，使得本书的观点更加具有说服力和可信度。

值此付梓之际，谨向所有在本书撰写过程中给予悉心指导与无私帮助的同门致以最崇高的敬意与最深切的谢意。正是诸位的真知灼见与鼎力相助，才使得这部学术著作得以臻于完善。这份深厚情谊与学术传承，我们将永远感念于心，矢志不忘。

陈星宇

2024 年 12 月